鲜食大豆收获关键技术与装备设计

赵 映 主编

中国农业出版社

北 京

主　编　赵　映

副主编　李成松　薛晨晨　肖苏伟　郭　婷

　　　　马丽娜　奚小波　宋志禹　张健飞

参　编（按姓氏笔画排序）

　　　　丁文芹　占才学　卢秀丽　贡科殚

　　　　杨　光　杨浩勇　金　月　夏先飞

　　　　梅　松　蒋清海　韩　余

目 录

第 1 章　鲜食大豆概况

1.1　什么是鲜食大豆

鲜食大豆又名枝豆、毛豆、青毛豆、菜用大豆（图 1-1），为蝶形花科一年生植物。茎粗硬有细毛，荚扁平，荚毛灰色、白色或无毛，是采收青色豆荚、作为蔬菜食用籽粒的特用大豆作物。鲜食大豆口感香甜软糯、风味佳，符合鲜荚食用要求。对其历史记载最早可以追溯到宋代，种植历史距今至少有 900～1 000 年，鲜食大豆经加工可作为粮用、菜用、饲用、药用。

1.2　鲜食大豆的营养价值

鲜食大豆是大豆的专用型品种，是高蛋白蔬菜，其游离氨基酸的含量较粒用大豆的含量更高、组成更均衡；含有丰富的维生素 C 和 β-胡萝卜素，同时还含有大量膳食纤维，含量达 4%，是高纤维蔬菜；含有多种人体必需的不饱和脂肪酸，如亚油酸、亚麻酸；含有生物活性成分黄酮类化合物，特别是大豆异黄酮，被称为天然植物雌激素。此外，还含有钾元素以及皂苷、植酸、低聚糖等成分，对改善人体脂肪代谢、降低甘油三酯和胆固醇有帮助，可保护心脑血管和控制血压。钾含量高，可达到 4.78 mg/g，食用鲜食大豆

图 1-1　鲜食大豆

有利于缓解大量出汗造成的疲乏无力、食欲下降、中暑等情况。包括葡萄糖、果糖、蔗糖、棉籽糖和水苏糖以及淀粉的碳水化合物含量在鲜食大豆籽粒中较丰富。籽粒各类营养成分中，蔗糖含量、葡萄糖含量、谷氨酸含量、丙氨酸含量还会影响食味口感。鲜食大豆营养丰富易吸收，国际、国内市场对其营养品质的要求也进一步提高，逐渐成为了大众公认的健康食品。

1.3　鲜食大豆在全国的消费和种植情况

在大众健康养生消费观形成的背景下，消费者对鲜食大豆的市场需求量增大，并产生

了一定的消费偏好，鲜食大豆产业前景广阔。消费地区分布世界各地，主要的消费区域在东南亚地区，国内主要消费区域在南部城市。

我国鲜食大豆的种植主要分布在长江流域及东南沿海一带，其中以江苏、浙江、福建为主，近几年安徽、山东也陆续种植。我国鲜食大豆年种植面积约 100 万 hm²，年用种量约 4 万 t，种子产值 6.4 亿元。浙江省与江苏省鲜食大豆育种水平和生产规模处于国内领先地位，近年来浙江省鲜食大豆年种植面积在 6 万 hm² 左右，江苏省常年种植面积约 6.9 万 hm²。

图 1-2　鲜食大豆大棚种植

鲜食大豆株型紧凑、生育期短，栽培方式多样，可采用大棚栽培（图 1-2）、小拱棚栽培、地膜覆盖栽培和露地栽培（图 1-3）；种植模式上可进行大面积净作，或间套作（图 1-4）以提高资源利用效率。随着消费者食用需求的提升，鲜食大豆的种植面积与用种量不断增加。

图 1-3　鲜食大豆露地种植

图 1-4　鲜食大豆与玉米间作

1.4　鲜食大豆全国的进出口情况

长期以来，我国鲜食大豆维持着自给自足的状态，直到 21 世纪初鲜食大豆产业迅速发展，中国成为世界最大的鲜食大豆进出口国。鲜食大豆的保鲜期较短，不耐贮藏，出口鲜食大豆往往采用速冻保存的方法。我国速冻鲜食大豆的出口量占世界总量的 52%，主要出口省份为江苏省和浙江省，主要出口国包括日本、美国、澳大利亚以及欧洲各国。尽管我国利用鲜食大豆的历史较长，但在产业进出口方面起步较晚，鲜食大豆虽作为我国重要的出口类蔬菜之一，然而与国际市场标准仍有一定差距，其品质已成为制约鲜食大豆的出口数量及价格的主要因素。在大豆产业仍旧依赖大量进口的状况下，发展高蛋白鲜食大豆仍有一定的优势。

1.5 鲜食大豆主要种植生长过程

1.5.1 播种

　　鲜食大豆作为短日照、喜温性蔬菜，对光照与温度有一定要求，其适宜生长温度为 15～32 ℃。早播和晚播对鲜食大豆生育进程的影响差异较大，对其产量和品质也会产生影响。鲜食大豆按播期可分为春播、夏播、秋播类型，以春播、夏播为主，南部省份可以开展秋播；按其生育期可分为早熟种、中熟种、晚熟种；另外，南北气候差异也造成不同区域播种时间不同。因此，在选择播期时，要针对不同品种、不同地域适时播种。播种前进行晒种、拌种以提高种子活力和抗性，减少种子带毒量，保证出苗良好。江苏地区春播鲜食大豆在 3—5 月进行播种，夏播鲜食大豆播种期在 6—7 月，部分地区可通过设施栽培调整播种时间，全年均可种植（图 1-5）。

图 1-5　鲜食大豆一播全苗

1.5.2 生长

　　鲜食大豆植株在生长过程中，营养生长和生殖生长的均衡很关键。过多的营养生长会影响植株后期的开花和结荚（图 1-6）。春播鲜食大豆早期因环境温度较低，营养生长速度较慢，时间较长；夏播鲜食大豆生长阶段温度较高，植株生长速度快，营养生长期不宜过长。

1.5.3 开花和结荚

　　鲜食大豆花小，花色为紫色、淡紫色或白色，花瓣先端微凹并外翻，是典型的闭花授粉作物，在花开放前就已经完成了授粉过程。鲜食大豆的开花至采收阶段被划分为 R1～R6 期。当鲜食大豆在主茎的任一节点上有一朵开放的花，即为始花期（R1 期）。盛花期（R2）是植株主茎最上面两个节点之一有一朵开放的花，叶片完全发育。始荚期（R3）是主茎最上部四个节点叶片完全展开，

图 1-6　鲜食大豆营养生长过长导致植株徒长和结荚性差

某一节上有长 0.5 cm 的幼嫩豆荚。盛荚期（R4）是全面结荚，主茎最上部四个节点叶片完全展开且某一节上的豆荚长 2 cm，此阶段植株进行季节性氮素吸收，是生长发育的关键时期。始粒期（R5）开始籽粒变大，如图 1-7所示，此时初生根、侧生根强壮，主茎最上部四个节中任一豆荚中的籽粒长度达到 3 mm，此后浅根退化，深根和侧根生长至 R6～R7 期（鼓粒期至初熟期）。

1.5.4 采收

鼓粒期（R6）植株全面结籽，大部分营养物质已被吸收，主茎最上部的四个节中某一豆荚有新鲜、饱满的籽粒，豆荚与籽粒均呈青绿色，鲜籽粒体积增长达到鲜果荚长的 80%～90%，且胚轴尚未变黄（图 1-8）。在初熟期（R7）荚色出现成熟色之前应及时采收，衰老将影响豆荚荚色，导致商品性变差。因此，一般鲜食大豆采摘期都是在 R6 期前后（图 1-9）。

图 1-7 鲜食大豆 R5 期豆荚开始饱满

进入市场的鲜食大豆具有一定的商品标准。亚洲（台湾）蔬菜研究发展中心确定了鲜食大豆外观标准：茸毛灰色且稀少、果荚厚度薄呈翠绿色、无病斑，果荚长、宽、厚度分别达到 4.5 cm、1.3 cm、0.6 cm 以上，荚内籽粒在 2 粒以上且籽粒大。随着近几年国内鲜食大豆产业的发展，鲜食大豆的商品性要求越来越高，特别在长度上已经达到 5.6 cm 以上，标准荚以大粒、饱满为主。在国际鲜食大豆销售市场中，鲜豆荚的商品等级根据鲜果荚的籽粒数来确定，用于出口加工的鲜食大豆要求大荚大粒，果荚荚色翠绿，每个果荚内籽粒相邻且粒数达 2 粒以上，每千克鲜荚数量少于 340 个，籽粒百粒干重 30 g 以上。

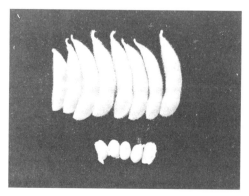

图 1-8 鲜食大豆 R6 期鲜荚和籽粒

图 1-9 人工采收鲜食大豆

1.6 江苏省鲜食大豆主要品种

江苏省地处长江流域及黄河流域，是中国大豆的主产区之一，也是鲜食大豆的主要产区之一。该省具有符合大豆生产的区位优势和丰富的地方品种资源，拥有悠久的大豆科研和育种历史，对我国鲜食大豆优良品种的选育和改良起到了积极作用。江苏省鲜食大豆品种必须通过江苏省农作物品种审定委员会审定才能推广，近年来审定鲜食大豆品种数量明显高于过去，优质鲜食大豆的选育与推广成为了目前江苏省大豆品种审定趋势之一。近 3 年新审定的鲜食大豆品种包括苏新 5 号、淮鲜豆 7 号、苏鲜豆 23、苏豆 16、苏奎 3 号、苏新 6 号、徐春 4 号、淮鲜豆 9 号、苏豆 17、南农 413、南农 416、苏早 2 号、绿宝青 1 号、苏鲜豆 26（江苏省种业信息网，http：//www.jsseed.cn）（图 1 - 10）。

图 1 - 10 春播鲜食大豆新品种苏新 6 号

1.7 本章小结

（1）鲜食大豆，又名毛豆，是专门鲜食嫩荚的蔬菜，因其口感鲜嫩，营养丰富，具有多种营养与保健功能，近千年来一直是中国百姓餐桌上的重要食材。

（2）我国鲜食大豆年种植面积约 10.0 万 hm^2。主产区在江苏、浙江、福建三省。鲜食大豆是江苏省的主要蔬菜作物之一，常年栽培面积约 6.9 万 hm^2，主要种植区域为江苏省的南通、徐州等地市，一般亩*效益达到 1 000 元以上，主要用于国内市场供应和对外出口。

（3）鲜食大豆在我国有悠久的食用历史，但研究方面起步比较晚，至今很多地区还沿用亚洲（台湾）蔬菜研究发展中心的标准和一些早年选育的品种。20 世纪 70 年代之前，国内鲜食大豆生产一直是处于农民零星种植自用状态。随着产业需求的逐渐扩大，以及土地和劳动力成本的日益增加，鲜食大豆产业在我国沿海地区的发展已开始超过日本和我国台湾地区。现阶段中国已成为鲜食大豆的最大进出口国，自主审定的鲜食大豆品种也越来越多。

（4）国内鲜食大豆种植有分布广、种植散、规模小、栽培粗放等特点，未有适宜规模化和机械化配套栽培技术体系形成。而机械化程度低，劳动力成本高，导致鲜食大豆采收一直是限制其产业化的关键问题。随着劳动力成本的逐渐提升和农业机械的快速发展，日

---

* 亩为非法定计量单位，1 亩＝1/15 hm^2。——编者注

本等农业发达国家也陆续研发出了鲜食大豆采摘机,并逐渐在生产上开始应用,而国内目前仍然是以手工采摘为主。

(5)随着人们对生活品质需求的提升和国际化的发展,鲜食大豆将越来越受到市场的关注。江苏省是鲜食大豆主要的生产地和对外出口区,种植面积一直稳中有升,同时还需要从浙江和福建等地采购用于省内市场和加工。随着国家农业供给侧结构性改革的深入,鲜食大豆市场必将向着规模化发展,市场对鲜食大豆机械化采收技术的需求日益提升,这也将成为未来鲜食大豆研究的重点与趋势。

第2章 鲜食大豆研究现状

2.1 研究意义

2021年，中国大豆产量为1640万t，种植面积为1.26亿亩，中国已成为继美国、巴西、阿根廷之后，世界第四大豆生产国[1]。目前，全国鲜食大豆种植面积约1500万亩[2-4]，亩产量0.7～0.8 t，产量约1050万t，市场价格约6元/kg，年产值约630亿元[5]。仅江苏省鲜食大豆的种植面积约103.05万亩，亩产量0.7～0.8 t，总产量约72.135万t，年产值约43.28亿元（上述数据以产量0.7 t/亩计算，相对较为保守）。

近年来，随着我国农业产业结构的调整，以鲜食大豆为代表的颗粒豆类作物的种植面积急剧上升，因脱荚需要投入大量的劳动力，完全依靠人工完成，严重制约了我国产业的发展。且近几年鲜食大豆种植面积稳定发展，稳中有升，逐年攀升，2017年种植面积保守估计突破1550万亩。我国鲜食大豆种植面积相对集中的主要产区为浙江、江苏、湖北、安徽、黑龙江、青海等省份，近几年规模化、连片化种植趋势非常明显。

归其原因如下：

（1）鲜食大豆口感好，鲜味足，植物蛋白质丰富，豆肉糯而细嫩，色泽青绿，部分品种还有香味，营养丰富，深受消费者欢迎，国内市场及日本、韩国市场的消费量很大。

（2）种植鲜食大豆省力、简便，经济效益好。一般年产值为4 800～6 200元/亩，利润为2 400～2 900元/亩，最高年份产值达6 000～6 500元/亩，利润可达3 000元/亩以上。

（3）鲜食大豆生育期较短，70～80 d开始采收鲜荚，利于后期作物轮种，土地利用效率高。

（4）鲜食大豆与其他蔬菜比较，不易受天灾影响，产量较稳定。以苏州地区为例，在6—7月梅雨期间，鲜食大豆受灾相对较小。苏州蔬菜市场一般都以鲜食大豆为主，其他叶类蔬菜减产严重，种植效益较稳定。

然而鲜食大豆因完全依靠人工收获，且收获周期短，制约了其产业发展。鲜食大豆正常产量为700～800 kg/亩，销售价格一般在6元/kg。而鲜食大豆的收获期只有5～6 d，人工采摘成本约750元/亩，采摘成本约合1.07元/kg[2]。并且鲜食大豆适宜采摘期只有5～6 d，人手不够易贻误采摘期。随着农村劳动力的转移，鲜食大豆采收期，用工短缺现象非常严重，故鲜食大豆机械化收获机具的市场需求非常强烈，且国内并无相关成熟机具。日本农业协同工会（以下简称日本农协）单行鲜食大豆收获机国内售价在50万～60万元，松元株式会社的自走式鲜食大豆收获机国内售价168万元，法国库恩、美国OXBO自走式鲜食大豆收获机国内售价400万元左右。

收获是鲜食大豆生产过程中劳动量最大的环节，约占整个劳动量的50%。采用机械化收获可比人工收获提高生产效率35倍以上，并能够极大地减轻劳动强度，增加农民收入。目前，鲜食大豆种植各环节所需的劳动量所占比例与人工成本如图2-1所示，分别为：土壤耕整10%，播种10%，植保15%，灌溉与施肥15%，收获50%；土壤耕整人工成本150元/亩，播种人工成本150元/亩，植保人工成本225元/亩，灌溉与施肥人工成本225元/亩，收获成本750元/亩[6]。以鲜食大豆为代表，颗粒豆类作物收获环节所需的劳动量、人工成本均在各环节最大，且机械化水平明显落后于其他环节，收获作业完全依靠人工完成，机械化收获问题现已成为制约鲜食大豆等荚果颗粒类作物农业现代化发展的瓶颈。1989年，中国农垦科技四十年及2014年中央1号文件与"三农"政策提出发展小特经作物机械化[7-8]。近年来，如2018年国务院22号文件和2022年中央1号文件把研发推广特色经济类作物的先进适用农业机械列为重要内容[9-10]，推动我国农机研发推广工作进一步发展。

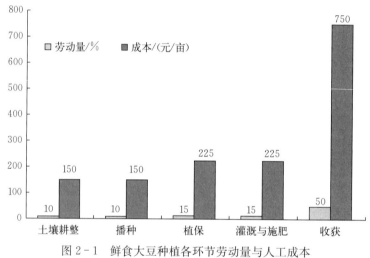

图2-1 鲜食大豆种植各环节劳动量与人工成本

鲜食大豆收获与人工收获成本分析如下：

（1）人工采摘与机械收获增效对比分析。鲜食大豆产量700~800 kg/亩，鲜食大豆售价6元/kg，收获期5~6 d。以人工采摘为例，采摘量为100 kg/d左右，每亩鲜食大豆需7 d才能完成，错过了最佳的采摘期，销售价格将大幅下降，售价仅为5.0~5.5元/kg，除去人工成本，鲜食大豆的收入为750 kg/亩（取每亩产量平均值）×5.5元/kg=4 125元/亩。机械化收获效率为3亩/h，损失率为5%，则机械收获鲜食大豆：750 kg/亩（100%−5%）=712.5 kg/亩，平均售价在6元/kg左右，712.5 kg/亩×6元/kg=4 275元/亩。

机械化收获要比人工采摘每亩多收入4 275元−4 125元=150元。从机械化收获与人工采摘的成本与销售价格两项不难看出，机械化收获每亩增收150元，此测算为劳动力不足条件下满足。

（2）机械化收获效益分析。按1台1 d工作10 h计算，1 d可收获30亩鲜食大豆，机械作业费用为500元/亩，则机收1 d可收入15 000元，扣掉人工、油料、维修、折旧等1 900元，共计13 100元，即农机手1 d利润为13 100元，按每季作业6 d计算，1台机械

6 d 可作业 180 亩，每年 3 季，共采摘 540 亩，农机手年利润 23.58 万元。

如果用人工采摘，一个青壮劳动力 1 d 最多采摘 100 kg 左右，每亩鲜食大豆一个人采摘最少要用 7 d，则 540 亩需 540 亩×7（人·天）/亩＝3 780（人·天），每天人工费用为 150 元/人，则采摘人工费用为 56.70 万元。

540 亩机采比人工采摘增效：人工采摘总成本－机采农机手利润＋机采增效＝56.7 万元－23.58 万元＋150 元/亩×540 亩＝41.22 万元（按劳动力不足测算）。上述分析得出，种植 540 亩规模化鲜食大豆机采增效 41.22 万元，若机具市场售价 30 万元/台，不考虑购机补贴，农机手一年可收回成本；若机具市场售价 60 万元/台，不考虑购机补贴，农机手两年可收回成本，且国内市场现暂无竞争对手。

脱荚是鲜食大豆等颗粒豆类作物机械化收获中最重要的作业环节，脱荚装置结构设计以及作业参数选定直接决定了鲜食大豆等颗粒豆类作物收获机的作业性能[11-15]。但由于颗粒豆类作物株系、豆荚籽粒力学特性，脱荚机构合理力学作用方式与参数，脱荚作业机理等方面研究内容缺失，导致颗粒豆类作物脱荚过程中脱荚率仅 80%，豆荚破损率为 10%～15%，含杂率、豆荚飞溅落地等共性问题一直无法解决。

基于此，本书在国家自然科学基金项目"基于鲜食大豆株系——螺旋梳刷脱荚机构交互作用的连续收获机理及低损伤优化"（51805283）、江苏省科技支撑计划项目"自走式鲜食大豆采摘机关键装备研发"（BE2012387）、江苏省农机三新工程项目"高效鲜食大豆脱荚机的研究与开发"（NJ2010-12）的资助下，以鲜食大豆株系-脱荚机构为对象，测定鲜食大豆株系生物性状、机械力学特性，优化构建鲜食大豆株系-脱荚装置刚柔耦合多体动力学仿真系统；在不同结构和运动参数工况条件下，开展脱荚作业动力学特性仿真分析研究，探索作业质量影响机理与提升途径；仿真优化设计、多因素正交试验优化、脱荚质量指标满意度原理的机构优化试验验证等多种方法融合，探索以鲜食大豆为代表的颗粒豆类作物脱荚装置综合优化设计方法；最终研制了多行自走式鲜食大豆收获机，并进行了田间试验验证。

本文研究成果将解决国内外鲜食大豆等颗粒豆类作物脱荚质量差的技术难点，为青豌豆、蚕豆、芸豆等颗粒豆类作物收获机械的研究提供理论基础，同时也对籽粒-株系-机构刚柔耦合综合优化及机构创新具有重要的科学意义。

2.2 鲜食大豆脱荚与稻麦脱粒区别

目前，国内外大豆、稻麦联合收获技术已较为成熟[16]。然而，以鲜食大豆为代表的颗粒豆类作物收获原理及对象与大豆、稻麦等有较大差异性，现有技术仅能有限借鉴，无法应用，主要表现如下：

（1）收获对象不同。大豆收获对象为含水率 20% 的豆荚籽粒，鲜食大豆收获对象为含水率 50%～60% 完整豆荚（图 2-2）。现有大豆、稻麦联合收获技术无法适用于鲜食大豆，一是鲜食大豆株系含水率为 50%～60%，叶子无掉落，收获对象为新鲜完整豆荚；二是该方案收获易堵塞，难以获取新鲜完整豆荚，滚筒内易形成浆液，且株系荚柄不易脱离。而鲜食大豆脱荚主要是豆荚受撞击或梳刷产生的冲击力克服了果-柄最大分离力形成脱荚。

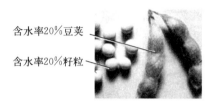

含水率20%豆荚

含水率20%籽粒

含水率50%~60%
青豆荚颗粒单元

图2-2　含水率20%籽粒、豆荚及含水率50%~60%青豆荚外形

（2）收获原理不同。大豆收获原理多为滚筒揉搓方式（图2-3a），而鲜食大豆脱荚主要采用梳刷、对辊、棒刷等方式。现有鲜食大豆脱荚机的脱荚原理都是基于旋转滚筒快速旋转，滚筒上的脱荚齿或脱荚叶片对豆荚进行对辊和梳刷，达到脱荚效果（图2-3b）。该原理实质是对豆荚颗粒单元撞击或梳刷后，鲜食大豆株系-机构交互作用下连续低损伤收获问题的研究。

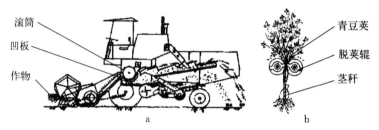

滚筒

凹板

作物

青豆荚

脱荚辊

茎秆

a

b

图2-3　大豆收获与鲜食大豆脱荚原理示意
a. 大豆收获原理　b. 鲜食大豆脱荚原理

2.3　鲜食大豆收获机产品国内外发展现状

美国OXBO鲜食青豌豆收获机国内售价450万元；日本农协单行机国内售价50万~60万元，见图2-4a；日本松元株式会社的自走式鲜食大豆收获机国内售价168万元，见图2-4b；法国库恩自走式鲜食大豆收获机国内售价350万元左右，见图2-4c。

a

b

c

图2-4　日本、法国自走式鲜食大豆收获机
a. 日本农协单行机　b. 日本松元株式会社的自走式鲜食大豆收获机　c. 法国库恩自走式鲜食大豆收获机

OXBO阿克斯波与日本松元株式会社采用滚筒梳齿式采摘装置，其工作原理是，首先通过旋转脱荚滚筒上的梳刷滚齿将豆荚从茎秆上刷落后，实现荚-柄分离；然后物料颗粒抛送至传输带，完成鲜食大豆脱荚过程。

肖宏儒、秦广明等研制的"5TD60 型鲜食大豆脱荚机"见图 2-5。该机主要由链夹持喂料机构、立式辊脱荚机构和豆荚收集机构与茎秆排杂机构组成，鲜食大豆脱荚机工作时，由人工将割后单株鲜食大豆植株茎秆根部喂料至链夹持喂料机构，鲜食大豆植株与立式辊脱荚机构交互作用形成脱荚[17]。

图 2-5　5TD60 型鲜食大豆脱荚机

肖宏儒、秦广明、赵映等研制的"5TDZ-1 型鲜食大豆采摘机"见图 2-6。该机是一款针对单垄种植农艺模式下的鲜食大豆专用收获机，整机采用手扶自走式设计方案，采摘机构为螺旋立式辊收获方式，植株经脱荚、输送、清选收集后完成整个收获过程，整机收获效率为 0.3～0.5 亩/h，作业效率为人工 20 倍左右[18]。

杭颂斌等研制的"鲜食大豆联合收获机"见图 2-7。该机是一款针对单行垄种植农艺模式下的鲜食大豆专用收获机，整机采用履带自走式设计方案，采摘方式为旋转对辊式脱荚，植株经入土犁刀铲起苗、夹持输送、脱荚、清选、收集等步骤完成整个收获过程。整机收获效率为 0.5～0.6 亩/h，作业效率为人工效率 22 倍左右。

图 2-6　5TDZ-1 型鲜食大豆采摘机　　　　图 2-7　鲜食大豆联合收获机

上述机具从市场定位、农户接受程度、应用前景及商品利润等方面综合考虑，应选择日本松元株式会社的自走式鲜食大豆收获机进行产业化开发，其原因如下：

（1）5TD60 型鲜食大豆脱荚机采用单枝喂入，农户仍需拔枝、喂入，效率较低，市场应用前景有限。

（2）5TDZ-1型鲜食大豆采摘机与杭颂斌等研制的鲜食大豆联合收获机两种机具，对单垄种植鲜食大豆脱荚有所突破，但不适合多垄收获，且漏采率、破损率较高，含杂率、落地等现象较严重，作业质量也不稳定，且种植过程需要配套起垄作业，机具仅能单行作业，效率有限，市场前景一般。

（3）美国OXBO阿克斯波型鲜食青豌豆收获机，有时也用来收获鲜食大豆，机具幅宽为3.0m左右，但不适合我国国情，且售价太高，样机研发成本高，市场前景有限。

（4）日本松元株式会社的自走式鲜食大豆收获机，幅宽1.7m左右，样机研发成本较低，且经过农业农村部南京农业机械化研究所多年积累，样机设计方案思路较为清晰，整机制造成本控制在6万元，售价30万～50万元，农户基本能接受，市场应用前景较好，样机利润较高。

国内外机具性能比较见表2-1。

表2-1 国内外机具性能比较

序号	产品/研制单位	技术参数	应用领域	技术先进性与优缺点
1	5TD60型鲜食大豆脱荚机/农业农村部南京农业机械化研究所	脱荚方式：橡胶钉齿式 配套动力：4 kW电驱 操作方式：固定式 脱荚效率：10株/s 脱荚率：93% 破损率：5% 含杂率：7%	分段式鲜食大豆收获	（1）该机具采用电动无污染； （2）作业效率低，需人工切割后室内喂料
2	5TDZ-1型鲜食大豆采摘机/农业农村部南京农业机械化研究所	脱荚方式：立式辊式 一次脱净率：84.3% 破碎率：9.7% 损失率：7.8% 含杂率：12% 生产效率：0.52亩/h 行走方式：随行自走式	单行高起垄种植农艺条件收获	（1）机具结构简单，易于生产； （2）需高垄种植提高结荚高度，收后损失率、含杂率效果不佳
3	单行鲜食大豆收获机/日本农协单行	一次脱净率：87% 破碎率：8.7% 损失率：7.4% 含杂率：9.2% 生产效率：0.55亩/h 行走方式：随行自走式	单行高起垄种植农艺条件收获	需高垄种植提高结荚高度，收后损失率、含杂率效果有待提高，且售价高达50万元，农户无法接受
4	大型自走式鲜食大豆收获机/法国库恩	工作幅宽：3.5 m 一次脱净率：93% 破碎率：8.7% 损失率：4.3% 含杂率：9.2% 生产效率：0.6亩/h 行走方式：随行自走式	平种或配套垄宽种植收获	（1）结构复杂，配套二级清选及液压卸粮，技术较先进； （2）收获幅宽过大，田间转向困难，不适应我国中小规模种植，整机售价350万元，售后维护困难，农户无法接受

上述几种机具，对单垄种植鲜食大豆收获、分段式收获均有一定突破，或不适合我国国情，或技术上略有缺陷，仍需产品升级。本项目研制机型吸纳各家所长（表 2-2），避免各家不足，紧扣我国鲜食大豆种植农艺条件、产业现状进行整机开发，研制机具有较高的适应性、可靠性、价性比，是针对江苏省鲜食大豆产业现状开发的一种专用机型。

表 2-2　本项目与立式辊机型区别及优势

区别内容	立式辊结构	本项目	本项目优势
适宜农艺要求	单垄种植，垄高 20 cm，适宜最低结荚高度 30 cm	幅宽 1.6 m，1 垄 3 行或 1 垄 4 行种植模式或平种模式，适宜最低结荚高度 8 cm	本项目适应范围更广，目前在江苏省及全国范围内，仅 13%左右采用单垄垄高 20 cm 种植模式。本项目机具适应农艺范围也更广
作业效率	0.5 亩/h，试验测试 0.52 亩/h	设计 4～5 亩/h	本项目机具工作效率为前期机具效率 8 倍以上
工作原理	立式辊旋转式脱荚	前悬挂式梳齿梳刷脱荚	本项目脱荚率高于立式辊旋转式方案 10%左右；漏采率低于立式辊旋转式方案 8%左右
操作舒适性	机械传动、机具自走、人工手扶随机走、人工换挡	闭式静液驱技术、手柄推杆操作、人工乘骑式、无级变速	本项目机具工作舒适性好，操作劳动强度大幅度降低，前者机具农机手工作 1 h 需换人，本项目机具农机手可连续工作 4 h 以上
收获品相	轴流风机吹叶排杂系统	滚轮栅格排秆＋高压离心去叶系统	本项目机具有二次清选功能，能实现茎秆、叶片高效干净排杂功能；前者机具仅实现收获中茎秆少量去除功能；收获品相大幅提高，无须二次清选，直接装箱卖货
卸粮方式	人工辅助卸粮	液压举升自动卸粮	本项目机具能完成 600 kg 收获量后到指定地点自动举升卸粮，前者机具为粮框装粮，卸放田间。本项目机具避免机具收获中不连续性工作
适宜收获对象	脱荚结构有局限性，仅适合鲜食大豆收获	不仅适合鲜食大豆收获，其技术改进优化后能适合青豌豆、蚕豆、芸豆、红线辣椒等特经类作物收获	本项目技术适宜范围更广，前景更广
产业对象及市场前景	30 亩专业种植农户	面向种植 200 亩以上的家庭承包经营个体、专业种植大户、家庭农场、农民合作社、农业产业化龙头企业等	本项目产品竞争小，补贴高，利润率高，市场前景广，与国家土地流转政策相适应
技术先进性	小型手扶自走式收获机	全液驱现代联合自走式收获机	本项目涉及株系-脱荚装置刚柔耦合仿真技术、闭式静液驱技术、前悬挂式快速卸换梳刷滚筒脱荚技术、高效滚轮栅格排秆＋高压离心去叶技术，技术先进性、研究难度与前者层次不同，研究内容也不可同日而语

2.4 颗粒类作物收获技术研究进展

2.4.1 鲜食大豆脱荚技术研究现状

当前，国内外有关鲜食大豆脱荚方面的基础理论方面的研究较少，多数集中在设备研发方面，且该领域收获装备仅欧美、日本、中国等少数国家有报道，脱荚效果均不太理想[19-27]。

美国十方国际公司牵引式鲜食青豌豆收获机及日本勇士牌、日本农协等小型鲜食大豆收获机采用了滚筒弹齿式采摘装置，并均采用了滚筒梳刷方案。国外相关基础理论研究暂无报道，上述机具不但价格昂贵，采收效果、含杂率等也不是很令人满意。

鉴于此，赵映等研究了鲜食大豆作物荚-柄脱离分离特性，寻求影响分离效果因素的最优组合，并设计了立式辊结构鲜食大豆分离试验装置。通过能量守恒原理建立了分离过程的碰撞能量模型，构建了荚-柄分离力学模型，基于此方程进行了定量分析，确定脱荚辊转速、喂料速度、辊间距为主要影响因素，并开展相关试验研究[27]。

王显锋等设计一种自走式不对行鲜食大豆摘荚机。该机主要由机车系统、滚筒弹齿式采摘台、输送系统、清选系统、储运箱等组成，能够完成豆荚的采摘、清选作业[13,21]。但脱荚效果未见公开报道，基础理论没有进行深入研究。

秦广明、肖宏儒、赵映等研制"5TD60 型鲜食大豆脱荚机"，见图 2-8。该机主要由链夹持喂料机构、立式辊脱荚机构和豆荚收集机构与茎秆排杂机构组成，鲜食大豆脱荚机工作时，由人工将割后单株鲜食大豆植株茎秆根部喂料至链夹持喂料机构，鲜食大豆植株与立式辊脱荚机构交互作用形成脱荚[11]。但整机采用单株人工喂料方式，机械化程度还不够高，仍有许多方面需要改进。

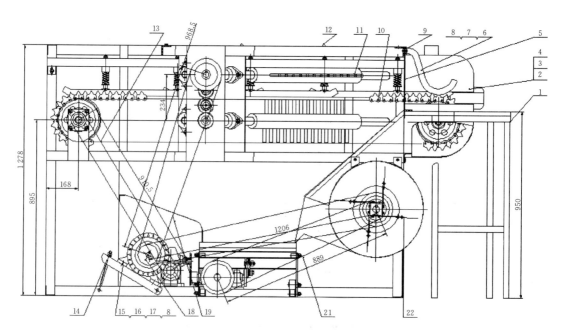

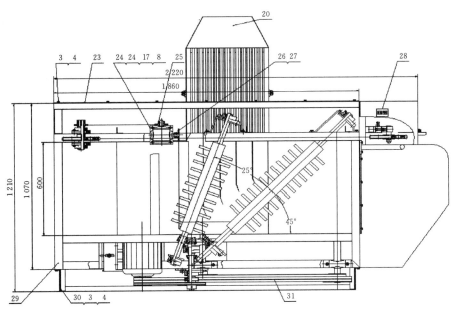

图 2-8 5TD60 型鲜食大豆脱荚机原理示意

秦广明、肖宏儒、赵映等研制的"5TDZ-1型鲜食大豆采摘机"。该机主要原理（图 2-9）：一对脱荚机构（图 2-10）与地面以一定倾角平行安装且两脱荚机构之间留一定辊间隙，机具运行时两辊以反方向旋转，行走轮沿垄沟行走，单垄种植鲜食大豆植株穿透于两辊间隙，机具前进过程中完成鲜食大豆辊刷脱荚作业，再经输送、风选装置、收集完成整个收获过程[19]。

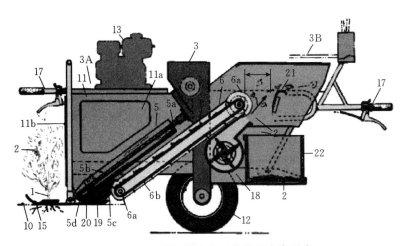

图 2-9 立式辊鲜食大豆收获机方案示意

1. 豆秆 2. 豆荚 3. 减速器 5. 脱荚机构 6. 豆荚输送装置 10. 垄 11. 侧边盖板
12. 行走轮 13. 发动机 15. 扶禾板 17. 扶手 18. 风选装置 19. 螺旋刮板
20. 保护罩 21. 豆荚挡板 22. 收集箱

杭颂斌等研制了"鲜食大豆联合收获机",见图 2-11。该机经入土犁刀铲对单垄种植鲜食大豆植株起苗,链夹持输送机构对鲜食大豆植株夹持输送,毛刷滚筒对植株去叶后,脱荚滚筒对植株进行棒刷脱荚,经丢枝、分选、收集等完成整个收获过程。

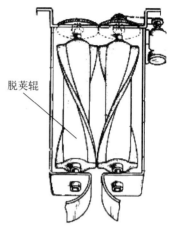

脱荚辊

图 2-10　脱荚机构

上述两种机具,对单垄种植鲜食大豆脱荚有所突破,但不适合多垄收获,且漏采率、破损率、含杂率较高,落地等现象较严重,作业质量不稳定。研究成果仅适用于鲜食大豆收获,对青豌豆、蚕豆、芸豆等颗粒豆类作物的收获仅有限借鉴,参考价值不大。

通过以上国内外研究动态分析,目前国内外在颗粒豆类作物脱荚技术领域的基础研究还比较薄弱,尤其是在与收获作业密切相关的颗粒豆类作物株系生物力学性能、作业对象与脱荚装置刚柔耦合系统动力学建模和分析等基础研究方面仍为空白,脱荚作业机理认识不足,设备优化设计方法和设计依据非常匮乏。

a　　　　　　　　　　b　　　　　　　　　　c

图 2-11　鲜食大豆联合收获机工作原理
a. 起苗、夹持输送　b. 去叶、脱荚　c. 风选、收集

2.4.2　基于颗粒聚合体理论颗粒单元建模

在采用离散元法进行精量播种、收获、清洗等关键部件的工作过程仿真分析时,需要建立与物料真实形态逼近的三维离散元颗粒模型。刘彩玲等[28]以水稻为研究对象,提出一种基于三维激光扫描建立水稻等非规则颗粒材料的三维离散元建模方法,运用三维激光扫描技术获取其点云,利用自动化逆向工程软件 Geomagic Studio 和 SolidWork 对种子进行点云处理和逆向建模,得到种子轮廓模型及其空间坐标信息,并基于颗粒聚合体理论建立水稻种子的三维离散元模型。于亚军等[29]根据玉米果穗的结构和形态,提出基于颗粒聚合体的玉米果穗分析模型建模方法,并研制了玉米果穗的建模软件,同时添加到自主研制的玉米脱粒过程分析软件中。这两项研究均基于颗粒聚合体理论建立了植株柔性颗粒单元仿真模型,其研究方法有较高参考价值。然而,颗粒豆类作物以鲜食大豆为代表,植株各部分机械力学特性差异较大,每株都有多个茎秆单元及其相连接的荚果颗粒群,其茎秆属木质结构单元,豆荚属非线性单元,如何构建准确反应株系生物形态和力学特性的柔性

体模型是本项目将继续深入研究的重点。笔者所在团队近年来进行了颗粒豆类作物鲜食大豆机械力学性能测试、三维几何建模、CAE 力学性能分析、离散体理论颗粒单元建模等方面的研究。

2.4.3　颗粒类作物果-柄分离作业机理及机构优化设计

果-柄分离条件有两种：一是果实加速运动受到的惯性力大于果柄结合力形成脱离；二是果实受到的冲击力大于果柄结合力形成脱离，鲜食大豆脱荚属于后一种方式，其他作物果-柄分离研究手段可供参考。

（1）果实受到的冲击力大于果-柄结合力形成脱离。美国 Peterson 设计了一种振动式巴伦西亚橘采收机，其梳齿伸向树蓬里面轻轻地转动并振动，果实受到的冲击力大于果-柄结合力形成脱离[30]。胡志超等[31]对半喂入花生摘果装置进行了优化设计与试验研究，对链辊倾斜配置式花生半喂入摘果装置摘果过程进行运动分析，提出了有效摘果区和最佳摘果区的概念，分析花生果系理想运动轨迹、摘果频率和摘果强度等，通过多指标响应面综合试验，优化确定了花生半喂入摘果装置的结构和作业参数组合。

上述研究，特别是花生摘果研究具有较高参考价值，提出了有效摘果区和最佳摘果区的概念，并进行系统试验与机构优化。然而脱荚过程中颗粒单元受撞击后，颗粒单元相互短历时碰撞、局部变形，实际受力情况较为复杂，利用离散元技术能解决这一科学难题。

（2）离散元技术在农业工程领域的应用研究。农业生产过程中，耕种、植保、输送等机械设备经常接触到大量的散体颗粒（物料），故散体颗粒与农业设备（或其相关接触部件）的接触关系、颗粒运动特性以及微观作用机理等直接关系到农业机械设备的作业性能和工作效率[32]。Coetzee 等[33]用离散元法模拟了玉米颗粒在矩形料仓中的流动过程，分析了不同开口的流动规律和流动速，并与实验进行了比较。王富林等[34]引入 EDEM 离散元颗粒体仿真技术，对一种机械式大豆高速精密排种器进行研究，模拟了大豆在排种器内充种、护种、清种、排种等运动过程，所获得的结果与试验数据有很高的拟合度。于建群等[35]采用离散元法和自主研发的三维分析软件对型孔轮式排种器的工作过程进行了仿真，分析了大豆种子的运动轨迹。Tanaka 等[36]和 McCarthy 等[37]利用离散元法模拟了旋转滚筒中颗粒的混合。Sakaguchi 和 Suzuki[38]用离散元法模拟了稻谷和糙米振动分选的过程，并将模拟结果同实验结果进行对比；Muguruma 等[39]利用液桥湿颗粒模型模拟了离心滚动造粒机中颗粒的运动。Yoshiyuki 和 Cundall[40]利用三维球元模拟了水平和铅直螺旋输送器的作业工况，是颗粒离散元法模拟颗粒与粉体工程过程较成功的范例。

离散元技术在筒料仓卸料、耕作与种植机械中，以及颗粒与粉体加工、物料机械输送等方面应用较广泛。基于颗粒单元豆类作物脱荚装置刚柔耦合系统动力学建模和分析研究暂无发现，同时基于脱荚质量指标满意度原理的机构综合优化无相关报道。

（3）脱荚质量指标满意度原理的机构综合优化。脱荚装置是颗粒豆类作物脱荚作业的一个核心工作部件，性能目标要求较多，影响因素较多，其优化属于多变量、多目标、非线性的约束优化问题[41-44]。伍建军等[45]针对细胞注射 3 - RRR 柔顺并联微动平台多响应设计中没有同时考虑稳健性与最优性的难题，通过引入双响应曲面法的思想，提出了一种基于改进满意度函数的多响应稳健优化设计。张国凤等[46]针对旋转式行星轮系分插机构运动学优化问题，建立了基于满意度原理的运动学多目标优化设计模型。运用模糊数学中的模糊综合评价，对若干组分插机构运动学性能予以量化，并用上述样本对 BP 网络进行训练，求得满意度映射关系，获得满意度函数，利用精英保留策略的实数编码遗传算法进行优化求解及评价。

上述研究，特别是张国凤等研究具有较高参考价值。然而，机构优化满意度指标、变量、约束条件均有较大区别，而脱荚质量指标满意度与机构参数、鲜食大豆株系、颗粒单元力学性能等都有直接关系，其满意度函数、评价方式、优化结果处理等均有一定区别。

上述有关农作物果-柄分离作业机理的研究方法和手段可为鲜食大豆脱荚作业机理研究所借鉴。相对其他作物，鲜食大豆脱荚作业对象——鲜食大豆株系的生物形态更为复杂，每株鲜食大豆由若干根茎秆及通过果柄与茎秆挂连的荚果颗粒群组成，而且实际作业时，豆荚颗粒单元受撞击后，颗粒单元相互短历时碰撞、局部变形，实际受力情况较为复杂。

2.4.4 鲜食大豆连续收获关键技术问题分析

（1）基础物性、力学性能缺失。我国鲜食大豆种植有早中晚之分，不同区域种植品种存在一定差异，目前有关收获期中鲜食大豆茎秆和荚果形态特征、机械力学特性等方面的规律研究还非常缺乏，鲜食大豆脱荚装置设计考虑作业对象特性时无基础数据和可靠依据供参考。

（2）脱荚作业过程运动学和动力学特性研究缺失，研究难度大。鲜食大豆荚果颗粒单元是脱荚装置的直接作用部位，它是通过果柄与鲜食大豆株系茎秆相连的离散颗粒群（串）。鲜食大豆脱荚实质为受撞击后，产生冲击力克服鲜食大豆荚-柄分离力实现脱荚，而豆荚颗粒单元受撞击后，颗粒单元相互短历时碰撞、局部变形，实际受力情况较为复杂，而颗粒单元受撞击后的动力学分析与建模，国内外暂无相关学者进行研究。

（3）脱荚机构优化设计方法研究不足。鲜食大豆脱荚性能受多种因素影响，尤其是在脱荚作业中，豆荚破损率、豆荚漏采率、含杂率等与鲜食大豆株系状态以及脱荚滚筒结构配置和运动参数都有很大关系。由于缺乏系统的研究分析和成熟有效的优化设计方法，设备结构设计与参数优化多以经验和试验验证的方法为主，致使鲜食大豆脱荚率、破损率等作业性能还不能满足生产要求。

2.5 研究内容与技术路线

2.5.1 研究内容

研究内容如下：

（1）调研并确定研究内容及技术路线。在参考国内外同类机型基础上，总结国内外鲜食大豆种植农艺要求、机械化作业要求、种植面积、农户需求，以及国外主要鲜食大豆收获机生产企业的机型参数，提出本文的研究内容和技术路线。

（2）鲜食大豆株系生物性状、机械力学特性及柔性体建模方法研究。针对我国鲜食大豆典型种植品种，研究收获期鲜食大豆株系生物性状，结合滚筒梳刷脱荚作业实际过程，研究收获期中的鲜食大豆株系（包括茎秆、豆荚、果柄等）机械力学特性，获得株系荚果破损承受力、泊松比、荚-柄分离力等重要物性参数，根据鲜食大豆株系生物性状、机械力学特性及系统仿真需求，研究鲜食大豆株系柔性体模型描述和构建方法。

（3）鲜食大豆物料颗粒单元-脱荚装置多体动力学建模及动力学数学模型研究。结合实际作业情况和动态仿真需求，对鲜食大豆螺旋梳刷式脱荚装置进行必要简化，构建脱荚装置三维参数化虚拟样机模型；针对建立的鲜食大豆物料颗粒模型和脱荚滚筒三维样机模型，模拟鲜食大豆物料颗粒单元梳刷式脱荚实际过程，对鲜食大豆物料颗粒单元-脱荚装置作业过程进行运动和受力分析，研究建立能真实、准确描述脱荚作业过程的机械系统仿真模型；研究鲜食大豆受冲击后，产生的冲击力克服鲜食大豆荚-柄分离力实现脱荚的原理，构建荚-柄分离力学模型。

（4）鲜食大豆脱荚作业质量影响机理研究。研制鲜食大豆收获机室内多功能试验台，并进行鲜食大豆植株喂入、立式辊脱荚、输送、茎叶风选试验。开展脱荚性能质量试验，为后续关键部件设计提供数据支持。

（5）鲜食大豆脱荚装置综合优化研究。在上述系统仿真与作业质量影响机理研究的基础上，研究脱荚装置仿真优化设计数学模型，确定设计变量、目标函数、约束条件以及优化求解方法，获取脱荚装置结构参数和工作参数的优化设计方案；研究脱荚装置试验优化方法，系统开展多因素、多指标脱荚试验，脱荚质量指标满意度原理的优化试验，研究数字优化方法、试验优化方法、试验验证等多方法融合研究，探索鲜食大豆滚筒脱荚装置综合优化设计方法，修正、完善仿真优化设计数学模型和作业质量预测数学模型。

（6）多行自走式鲜食大豆收获机整机设计与验证。根据鲜食大豆种植农艺要求、地貌特点及整机结构布置，设计全液压行走、执行系统，确定行走马达、减速机、执行马达、多路换向阀等设计方案，设计鲜食大豆收获机各执行系统，确定整机扶禾装置、脱荚装置、行走系统、输送装置、风选系统的设计方案；研究多行自走式收获机滚筒脱荚装置的设计方法，以鲜食大豆植株-力学流变特性，荚果与籽粒的力学特性为基础，提出滚筒梳刷设计最终方案。与企业合作，研制多行自走式鲜食大豆收获机；通过田间试验，验证该机在田间收获的适应性和工作可靠性。

2.5.2 研究的技术路线

技术路线如图 2-12 所示。

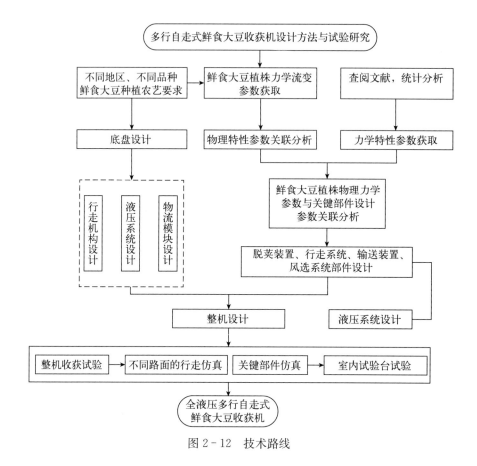

图 2-12　技术路线

2.6　本章小结

　　本章主要介绍了鲜食大豆脱荚与稻麦脱粒的区别，以及鲜食大豆收获机产品国内外现状；介绍了颗粒类作物收获技术研究进展及鲜食大豆脱荚技术研究现状；围绕基于颗粒聚合体理论颗粒单元建模、颗粒类作物荚-柄分离作业机理和机构优化设计以及脱荚质量指标满意度机构综合优化等问题分析，总结提出了鲜食大豆收获关键技术难点；制约鲜食大豆收获机产业化的关键科学问题主要是基础物性、力学性能缺失；脱荚作业过程运动学和动力学特性研究缺失以及脱荚机构优化设计方法研究的不足。最后，根据国内外不同地区、不同品种鲜食大豆种植农艺要求提出了多行自走式全液压驱动均匀梳刷式鲜食大豆收获方案，并进一步提出了针对性的研究内容和技术路线。

第 3 章 鲜食大豆豆荚受挤压特性的有限元分析及试验

3.1 理论分析

标准几何体样本在制作过程中会对鲜食大豆籽粒细胞进行破坏，因此，本文的理论分析与实验均采用完整籽粒、荚果为样本，并且在静载荷和即弹性阶段内的小变形条件下，可以通过赫兹应力建立其挤压方程[47]。鲜食大豆籽粒一般类似椭球形，其几何平均直径由式（3-1）计算：

$$d_a = \sum_{i=1}^{n} \sqrt{a_i b_i c_i} / n \qquad (3-1)$$

式中：d_a——样本几何平均直径，mm；

a_i、b_i、c_i——分别代表豆荚长、宽、高，mm；

n——抽样豆荚总数，个。

鲜食大豆荚果、籽粒在承受平行板挤压时，在接触处的总变形量，可以由赫兹理论求得，即

$$\Delta D = \frac{k}{2} \left[\frac{9F^2 A^2}{\pi} \left(\frac{1}{R_{max}} + \frac{1}{R_{min}} + \frac{1}{R_{max}^*} + \frac{1}{R_{min}^*} \right) \right]^{\frac{1}{3}} \qquad (3-2)$$

$$A = \frac{1-\mu_1^2}{E_1} + \frac{1-\mu_2^2}{E_2} \qquad (3-3)$$

式中：ΔD——接触处的总变形量，mm；

E_1、E_2——接触物体的弹性模量，MPa；

μ_1、μ_2——接触物体的泊松比；

F——载荷力，N；

R_{max}、R_{max}^*——分别为两接触物体在接触处的最大曲率半径，mm；

R_{min}、R_{min}^*——分别为两接触物体在接触处的最小曲率半径，mm；

k——刚度系数，当平板与球面接触时，取 $k = 1.3514$。

本试验是鲜食大豆籽粒承受两个平行钢板的挤压，试验结果表明，鲜食大豆籽粒的弹性模量远远小于钢板的弹性模量，因此有：

$$A \approx \frac{1-\mu^2}{E} \qquad (3-4)$$

式中：E——豆荚的弹性模量；

μ——豆荚的泊松比。

对于平板有 $R_{\min}^* = R_{\max}^* = \infty$，对于豆荚 $R_{\max} = R_{\min} = d_a/2$，且鲜食大豆籽粒受挤压过程，籽粒上部与下部位移变形量相同，即挤压头的位移为上式的 2 倍，即式（3-2）可改写为：

$$\Delta D = k\left[\frac{9F^2A^2}{\pi^2}\left(\frac{1-\mu^2}{E}\right)^2\left(\frac{4}{d_a}\right)\right]^{\frac{1}{3}} \qquad (3-5)$$

$$c = \frac{1}{A} = \frac{E}{1-\mu^2} \qquad (3-6)$$

$$F = \frac{\pi c}{6}\sqrt{d_a}\left(\frac{\Delta D}{k}\right)^{\frac{3}{2}} \qquad (3-7)$$

由于对每个籽粒的试验均可得到一组对应的力 F 与 ΔD 的数据，因此便可求出 c 值，即综合弹性常数，若 μ 已知，根据式（3-6）可以求出籽粒的弹性模量 E。

3.2　豆荚籽粒力学参数的试验测定

3.2.1　试验材料与设备

试验鲜食大豆由常熟碧溪出口蔬菜示范园横塘蔬菜基地提供，品种为萧农秋艳、豆通 6 号，成熟日期一般为 7 月下旬至 8 月中旬，采样日期分别为 2014 年 8 月 1—7 日，样品选择形状、质量相似，同气候条件下采集样品，采后迅速冷藏，贮藏温度为 $-2\sim0\ ^\circ\mathrm{C}$。试验在采样后 24 h 内完成，相关物理特性见表 4-2。鲜食大豆脱荚模拟试验台硬件包括：Y90L-4 型电动机、Y100L-4 型电动机、JR7000 系列通用变频器，以及 V 带、锥齿轮等传动装置。测量装置包括电子天平、卷尺、转速表等。

试验设备为 CMT2502 型万能试验机，最大试验力为 500 N，力示值误差为 $\pm1.0\%$，位移示值误差 $\pm0.5\%$，原理图与测量图如图 3-1 所示。

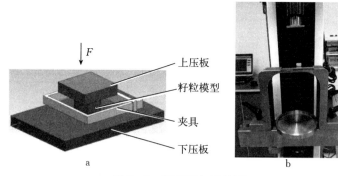

图 3-1　原理图与测量图

a. 原理图　b. 测量图

3.2.2　籽粒泊松比测量

泊松比的测定采用轴向压缩，纵向、横向应变直测方法，则鲜食大豆籽粒的泊松比为纵向与横向应变值绝对值之比。将鲜食大豆籽粒制成 10 mm×8 mm×6 mm 的矩形试样，设计专用测量夹具，夹具可平行移动，利于游标卡尺测量籽粒横、纵向尺寸。

具体测试方法为：

（1）先测取样本籽粒长、宽、高尺寸，多次测量取平均值。

（2）万能试验机分别对籽粒施加 20 N、30 N、50 N 力后停顿 5 min，夹具将籽粒沿横、纵两个方向夹住，利用游标卡尺读取受压后横、纵方向尺寸，受压方向尺寸通过万能试验机读取，这样可以获取样本 X、Y、Z 三个方向受压后的尺寸。

3.2.3　籽粒泊松比测试结果分析

试验结果见表 3-1，籽粒泊松比测试范围为 0.352～0.413，通过多组测量得出泊松比的平均值为 0.395。

表 3-1　鲜食大豆籽粒泊松比试验结果

序号	加载力/N	横向尺寸/mm	纵向尺寸/mm	加载后		横向应变	纵向应变	泊松比
				横向尺寸/mm	纵向尺寸/mm			
1	20	8.0	11.0	8.95	11.54	0.119	0.044 3	0.372
	30	8.0	11.0	9.41	11.80	0.176	0.072 7	0.413
	50	8.0	11.0	10.16	12.18	0.270	0.107 3	0.397
2	20	8.0	11.0	8.89	11.43	0.111	0.039 0	0.352
	30	8.0	11.0	9.35	11.72	0.169	0.065 4	0.387
	50	8.0	11.0	10.21	12.23	0.276	0.112 0	0.405
3	20	8.0	11.0	8.94	11.53	0.118	0.048 2	0.408
	30	8.0	11.0	9.37	11.75	0.171	0.068 2	0.399
	50	8.0	11.0	10.11	12.20	0.264	0.109 1	0.413
4	20	8.0	11.0	8.89	11.51	0.111	0.046 4	0.418
	30	8.0	11.0	9.39	11.73	0.174	0.066 4	0.381
	50	8.0	11.0	10.14	12.18	0.270	0.107 3	0.397
							平均值	0.395

3.3　鲜食豆荚籽粒力学性能试验与结果分析

3.3.1　试验方法

试验加载速率为 5 mm/min，平板压头加载。鲜食大豆籽粒形状不规则，由两块豆瓣组成，中间有一条腹沟。结合收获过程中，豆荚实际受力特性，豆荚主要存在 B 型、L 型受力情况，试验主要针对 B 型和 L 型两种试验型式，如图 3-2 所示。

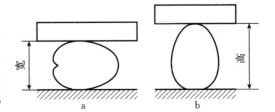

图 3-2　鲜食大豆籽粒形状及压缩试验型式

a. B 型　b. L 型

3.3.2 试验结果

对 58.4%～64.8%含水率的鲜食大豆籽粒进行了 B 型和 L 型两种型式压缩试验，同一试验重复 30 次[48-50]。力学参数求平均值如表 3-2 所示。

表 3-2　鲜食大豆籽粒压缩试验结果

品种	压缩型式	含水率/%	破碎负载/N	弹性模量/MPa	最大变形/mm
萧农秋艳	L	58.4	90.2	13.1	3.23
		60.2	83.8	12.05	3.13
		64.8	75.2	11.75	3.09
	B	58.4	115.2	15.55	2.73
		60.2	110.5	13.9	2.56
		64.8	108.4	13.2	2.44
豆通 6 号	L	58.4	86.4	12.55	3.26
		60.2	78.7	12.2	3.14
		64.8	72.2	11.7	3.09
	B	58.4	108.5	15.4	2.61
		60.2	103.6	13.6	2.51
		64.8	98.6	12.65	2.34

3.3.3 方差分析

用 SPSS 统计分析软件对鲜食大豆籽粒压缩试验分别求萧农秋艳与豆通 6 号籽粒各项力学参数平均值如表 3-3 所示。从表 3-3 可以看出，品种、含水率对籽粒力学参数的作用不显著，压缩型式对籽粒力学参数显著，萧农秋艳显著性强于豆通 6 号。

表 3-3　鲜食大豆籽粒压缩力学参数方差分析表

方差来源		变量	平方和	自由度	均方	F 值	p 值
品种		破碎负载	103.841	1	103.841	0.435	0.524 4
		弹性模量	0.175 2	1	0.175 2	0.096	0.762 7
		最大变形	0.004 4	1	0.004 4	0.034	0.856 8
压缩型式	萧农秋艳	破碎负载	1 201.34	1	1 201.34	34.934	0.004 1
		弹性模量	5.510 4	1	5.510 4	5.628	0.076 6
		最大变形	0.493 1	1	0.493 1	37.306	0.003 6
压缩型式	豆通 6 号	破碎负载	897.927	1	897.927	23.934	0.008 1
		弹性模量	4.506 7	1	4.506 7	4.225	0.109
		最大变形	0.686 8	1	0.686 8	52.296	0.001 9

（续）

方差来源	变量		平方和	自由度	均方	F 值	p 值
含水率	萧农秋艳	破碎负载	118.823	2	59.412	0.146	0.869 9
		弹性模量	3.557 5	2	1.778 7	0.946	0.480 3
		最大变形	0.047 2	2	0.023 6	0.142	0.873 1
含水率	豆通 6 号	破碎负载	145.303	2	72.652	0.241	0.799 4
		弹性模量	3.280 8	2	1.640 4	0.896	0.495 3
		最大变形	0.048 4	2	0.024 2	0.105	0.903 4

3.3.4　籽粒力学结果分析

（1）品种对力学参数的影响。如表 3－2 所示，萧农秋艳与豆通 6 号籽粒破碎负载分别为 75.2～115.2 N，72.2～108.5 N；弹性模量分别为 11.75～15.55 MPa，11.7～15.4MPa；最大变形分别为 2.44～3.23 mm，2.34～3.26 mm。在同等外载条件下，B 型和 L 型加载下，萧农秋艳破碎负载、最大变形、弹性模量均略大于豆通 6 号。因此，萧农秋艳抵抗变形、抗破坏的能力稍大于豆通 6 号。

（2）压缩型式对力学参数的影响。如表 2－2 所示，萧农秋艳与豆通 6 号籽粒 L 型加载下，破碎负载分别为 75.2～90.2 N，72.2～86.4 N；弹性模量分别为 11.75～13.1 MPa，11.7～12.5 MPa；最大变形分别为 3.09～3.23 mm，3.09～3.26 mm。萧农秋艳与豆通 6 号籽粒 B 型加载下，破碎负载分别为 108.4～115.2 N，98.6～108.5 N；弹性模量分别为 13.2～15.55 MPa，12.65～15.4 MPa；最大变形分别为 2.44～2.73 mm，2.34～2.61 mm。同时从表 3－3 看出，B 型抵抗变形、抗破坏的能力明显强于 L 型。

（3）含水率对力学参数的影响。如表 3－2 所示，含水率对籽粒破碎负载、弹性模量、最大变形均有影响，且不受品种影响，含水率越高，3 项参数越小。含水率为 58.4% 的籽粒相比含水率为 64.8% 的籽粒，各项参数均变小。分析原因，可能籽粒的细胞力学性能对水分等因素较为敏感，不同含水率籽粒细胞间的黏接，固体牛顿作用成分，非牛顿作用液体成分比例有所改变。

3.4　荚壳弹性模量测定

分别沿豆荚的垂直（果柄与顶点连线方向）和水平方向剪取拉伸样本，每组取 20 个，试样长×宽：20 mm×（3～6）mm，荚壳厚度为 0.8 mm。试验中，样本在夹具之间断裂为合格，其他地方断裂为不合格样件[51-53]。豆荚荚壳的弹性模量 E 可采用式（3－8）求出。

$$E = \frac{\sigma}{\varepsilon} = \frac{F/A}{\Delta L/L} \qquad (3-8)$$

式中：σ——拉应力，MPa；

ε——应变；

F——拉伸力，N；

ΔL——试样绝对伸长量，mm；

L——试样原长，mm；

A——试样横截面积，mm^2，$A=bt$；

b——试样宽度，mm；

t——试样厚度，mm。

根据拉伸试验数据和式（3-8）求得弹性范围内豆荚荚壳弹性模量：垂直拉伸为 23.4 MPa，水平拉伸为 25.7 MPa。

3.5 鲜食大豆荚果力学性能测试

3.5.1 豆荚荚果压缩力-变形规律

加载速率为 5 mm/min 时单籽粒豆荚 B 型受压力-变形曲线如图 3-3 所示。豆荚受压时力与变形关系为非线性函数关系，挤压力达到豆荚破裂力后，籽粒端面水分挤出，籽粒细胞结构受损，发生破裂，挤压力骤然下降。豆荚破损力为140～260 N，变形范围为 1.8～2.3 mm，豆荚比籽粒承载破损力更大，主要原因是荚壳在豆荚受挤压作用时，对籽粒有保护作用，防止籽粒水分被挤压出来，发生塑性变形。

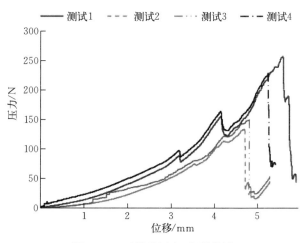

图 3-3 豆荚受压力-变形曲线

3.5.2 豆荚荚果压缩力学测试

依据鲜食大豆荚果压缩试验数据，分别求得萧农秋艳和豆通 6 号力学参数如表 3-4 所示。相比较籽粒，鲜食大豆荚果破碎负载与弹性模量均有一定范围增加，最大变形相差不大。荚壳对籽粒有较好的保护作用，对荚果抗压性能有显著提高。

表 3-4 鲜食大豆荚果压缩试验结果

品种	压缩型式	加载速率/(mm/s)	破碎负载/N	弹性模量/MPa	最大变形/mm
		5	160.2	19.1	2.93
萧农秋艳	B	10	153.2	16.25	2.66
		15	147.3	16.55	2.56
		5	158.7	18.95	2.69
豆通 6 号	B	10	150.3	16.55	2.63
		15	139.2	16.05	2.51

3.5.3　方差分析

用 DPS 软件对鲜食大豆荚果压缩力学参数做方差分析，结果如表 3-5 所示。从表中可以看出，品种对豆荚荚果破碎负载、弹性模量、最大变形均不显著，加载速率对豆荚荚果破碎负载、弹性模量显著。

表 3-5　鲜食大豆荚果压缩试验方差分析

方差来源	变量	平方和	自由度	均方	F 值	p 值
	破碎负载	26.041 7	1	26.042	0.379	0.571 4
品种	弹性模量	0.020 4	1	0.020 4	0.008	0.931 3
	最大变形	0.017 1	1	0.017 1	0.758	0.433 1
	破碎负载	262.653	2	131.33	10.33	0.045 1
加载速率	弹性模量	9.550 8	2	4.775 4	79.04	0.002 5
	最大变形	0.076 6	2	0.038 3	3.769	0.151 9

3.5.4　结果分析

（1）品种、加载速率对果实抗挤压能力的影响。如表 3-5 和图 3-3 所示，在 B 型相同加载速率条件下，萧农秋艳破碎负载与弹性模量均略大于豆通 6 号，相差不太明显，最大变形量萧农秋艳略大于豆通 6 号。因此，二者抵抗变形的能力无明显差别，但抵抗受压的力萧农秋艳略强于豆通 6 号。同时从表 3-5 看出，品种对各力学参数有影响，但不太明显；随着加载速率的增加，各力学参数有变化，且较为显著。而鲜食大豆实际收获中实质是对豆荚颗粒单元撞击或梳刷后，对鲜食大豆株系-机构交互作用下连续低损伤收获问题的研究；且脱荚过程中颗粒单元受击后，颗粒单元相互短历时碰撞、局部变形，实际受力情况较为复杂。因此，豆荚受力状态多为冲击力，静态加载情况很少，不同的加载速率对鲜食大豆荚果存在影响，今后需根据工程实际需要进一步研究。

（2）荚果挤压变形的特征。鲜食大豆荚果受挤压时，果壳不会破裂，籽粒顶部由于挤压过程中将籽粒半球顶端细胞水分挤压出来，籽粒顶端区域失去弹性，鲜食大豆荚果损伤，且实际加载中果壳对籽粒有一定保护作用。

3.6　鲜食大豆籽粒、荚果受挤压有限元分析

3.6.1　鲜食大豆籽粒、荚果的几何模型

鲜食大豆荚果由籽粒、果柄、荚壳、果膜等部分构成，其剖切面如图 3-4b 所示。荚壳、籽粒是影响鲜食大豆压缩力学特性的主要因素，因此，建立由荚壳、籽粒两部分组成的鲜食大豆几何模型，并将这两部分简化为具有固体性质的、均匀的

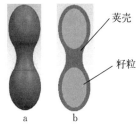

图 3-4　鲜食大豆模型
a. 几何模型图　b. 剖切图

线弹性材料。籽粒简化为椭球体，荚壳可简化成均匀薄球壳，通过前期鲜食大豆几何特征测定和文献可知，确定籽粒椭球体的长半轴为 6.5 mm，短半轴为 3.5 mm，荚壳厚为 0.8 mm，建立鲜食大豆荚果的几何模型如图 3-4a 所示。

3.6.2 鲜食大豆籽粒、荚果的有限元分析

运用有限元分析软件 Workbench 分析了鲜食大豆荚果受压力学性能[54-55]。建立鲜食大豆荚果有限元模型时，荚壳和籽粒选用 Solid 185 单元网格划分[56-57]，材料属性中籽粒弹性模量根据试验确定，荚壳泊松比参考文献［50］取值：选用含水率为 60.2% 的试验数据，荚壳、籽粒泊松比分别为 0.33、0.4，弹性模量分别为 23.4 MPa、12.5 MPa，模型网格划分与加载方式如图 3-5 所示。

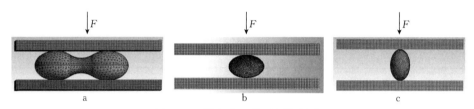

图 3-5　鲜食大豆模型网格划分
a. 荚果 B 型受压模型网格　b. 籽粒 B 型受压模型网格　c. 籽粒 L 型受压模型网格

3.6.3 鲜食大豆籽粒、荚果有限元模拟压缩力-变形曲线

分别对鲜食大豆籽粒 B 型、L 型和荚果 B 型条件下的压缩特性进行了有限元分析与试验曲线比较，如图 3-6 至图 3-8 所示。鲜食大豆籽粒 B 型、L 型加载的模型曲线（图 3-6、图 3-7），与试验曲线非常接近，相关系数为 1.0；由图 3-8 可见，鲜食大豆荚果 B 型加载的模型曲线与试验曲线略有差异，其相关系数仍达到 0.91，这表明运用有限元法分析研究鲜食大豆籽粒、荚果的压缩力学特性是可行的。

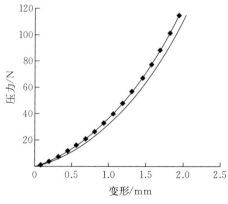

图 3-6　籽粒 B 型压缩试验与有限元计算的力-变形曲线

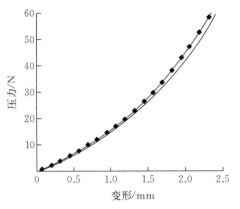

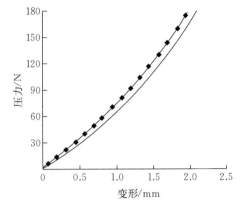

图 3-7 籽粒 L 型压缩试验与有限元
计算的力-变形曲线

图 3-8 鲜食大豆荚果 B 型压缩试验与有限元
计算的力-变形曲线

3.6.4 鲜食大豆籽粒抗挤压能力有限元分析

当鲜食大豆籽粒 B 型受压加载力为 100 N 时，经有限元分析籽粒受压时内部等效应力和应变及截面如图 3-9 所示。由图 3-9 可知，在 100 N 加载力条件下，籽粒受压端面变力与应变集中，端面部分局部破损变形，与实验模拟相同，此时出现最大应力为 12.541 MPa，最小应力为 0.000 025 64 MPa，最大应变为 1.792 5 mm，最小应变为 0 mm。

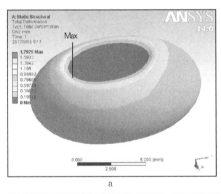
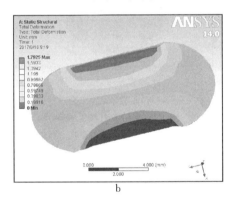
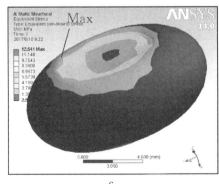
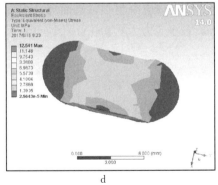

图 3-9 鲜食大豆籽粒 B 型受压的等效应力、应变图

a. 籽粒 B 型受压等效应变　b. 籽粒 B 型受压等效应变截面　c. 籽粒 B 型受压等效应力　d. 籽粒 B 型受压等效应力截面

当鲜食大豆籽粒 L 型受压加载力为 50 N 时，经有限元分析籽粒受压时内部等效应力和应变及截面如图 3-10 所示。由图 3-10 可知，在 50 N 加载力条件下，籽粒受压端面变力与应变集中，端面部分局部破损变形，与实验模拟相同。出现最大应力为 12.442 MPa，最小应力为 0.000 020 13 MPa，最大应变为 2.235 3 mm，最小应变为 0 mm。

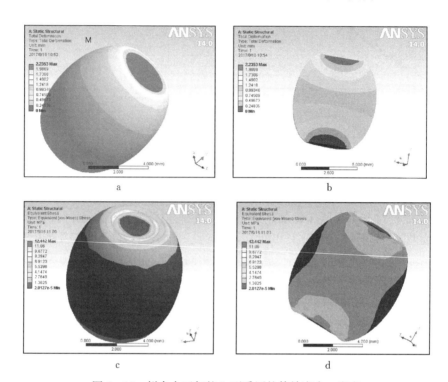

图 3-10　鲜食大豆籽粒 L 型受压的等效应力、应变
a. 籽粒 L 型受压等效应变　b. 籽粒 L 型受压等效应变截面
c. 籽粒 L 型受压等效应力　d. 籽粒 L 型受压等效应力截面

当鲜食大豆荚果 B 型受压加载力为 150 N 时，经有限元分析鲜食大豆荚果受压时内部等效应力和应变及截面如图 3-11 所示。由图 3-11 可知，在 150 N 加载力条件下，荚壳端面及籽粒受压应力与应变集中，端面部分局部破损变形，与实验模拟相同。出现最大应力为 6.19 MPa，最小应力为 0.000 110 51 MPa，最大应变为 1.649 2 mm，最小应变为 0 mm。

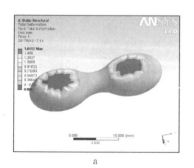
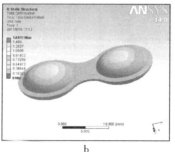
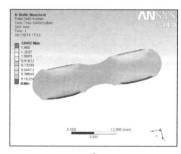

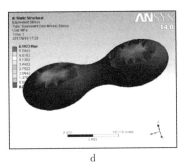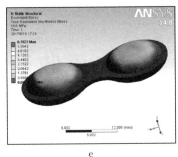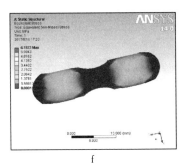

d　　　　　　　　　　　　e　　　　　　　　　　　　f

图 3-11　鲜食大豆荚果 B 型受压的等效应力、应变

a. 荚果 B 型受压等效应变　b. 荚果 B 型受压去荚壳等效应变　c. 荚果 B 型受压等效应变截面

d. 荚果 B 型受压等效应力　e. 荚果 B 型受压去荚壳等效应力　f. 荚果 B 型受压等效应力截面

3.6.5　结果与分析

分析数据表明：①籽粒 B 型与 L 型受压相比较，B 型受压承载力明显高于 L 型，同等承载力条件下所产生的最大应力与变形，B 型要小于 L 型，这说明在相同载荷下，鲜食大豆籽粒 B 型受压抗挤压能力大于 L 型，籽粒抗挤压能力具有各向异性的特征，分析与实验结论一致；②鲜食大豆荚果与籽粒 B 型受压相比较，同等承载力条件下所产生的最大应力与变形，荚果要小于籽粒，这说明在相同载荷下，鲜食大豆荚果受压抗挤压能力强于籽粒，主要原因是荚壳对籽粒有较好的保护作用，分析与实验结论一致。

3.7　本章小结

（1）通过赫兹应力建立了荚果、籽粒挤压方程及 F 与 ΔD 之间的函数关系，即综合弹性常数 c；在荚果、籽粒泊松比已知条件下，求出了荚果、籽粒弹性模量 E，为实验数据计算提供理论依据。

（2）先后对萧农秋艳与豆通 6 号进行了籽粒 B 型、L 型受压及荚果 B 型受压力学测试。在同等外载条件下，B 型和 L 型加载下，萧农秋艳破碎负载、最大变形、弹性模量均略大于豆通 6 号，萧农秋艳抵抗变形、抗破坏的能力稍大于豆通 6 号。B 型抵抗变形、抗破坏的能力明显强于 L 型。含水率对籽粒破碎负载、弹性模量、最大变形均有影响，且不受品种影响。含水率越高，3 项参数越小。含水率为 58.4% 的籽粒相比含水率为 64.8% 的籽粒，各项参数均变小。

（3）通过有限元分析法模拟了鲜食大豆荚果 B 型、籽粒 B 型与 L 型受压的力-变形曲线。与试验曲线比较，三者较为一致，其相关系数均达到 0.91 以上。

（4）运用有限元分析软件 Workbench 分析了鲜食大豆荚果 150 N 受压、籽粒 B 型 100 N 受压、籽粒 L 型 50 N 受压力学性能分析，有限元分析显示：籽粒受压端面变力与应变集中，端面部分局部破损变形，与实验模拟相同，且受压变形与实验一致。这说明所建立的鲜食大豆籽粒、荚果有限元模型可以分析研究鲜食大豆的力学特性。

第4章 鲜食大豆收获期植株的基本特性研究

4.1 鲜食大豆植株基本情况与物理参数

4.1.1 鲜食大豆基本情况

鲜食大豆植株主要由根系、茎秆、叶片、豆荚颗粒等组成。全国各地均有栽培，以江苏、浙江、东北最著名，亦广泛栽培于世界各地。

（1）鲜食大豆种植与生长周期。我国鲜食大豆可分为早、中和晚三季种植，常被称为早熟栽培、中晚熟栽培、秋季晚熟栽培。早熟栽培：2月底至3月初种植，7月采收。中晚熟栽培：4月底至5月初种植，8月收获。秋季晚熟栽培：6月底种植，10月底收获。各地略有差异，如南方地区晚季8月种植，11月收获。

作为蔬菜用的鲜食大豆品种，常按其生育期分为早、中、晚三种。早熟种：生育期90 d以内，长江流域作为早熟栽培于5月下旬至6月下旬采收，如杭州五月白、上海三月黄、南京五月乌、武汉黑鲜食大豆、成都白水豆等。中熟种：生育期90~120 d，如杭州、无锡六月白，南京白毛六月黄，武汉六月炸，于7月上旬至8月上旬收获。晚熟种：生育期120 d以上，品质最佳，9月下旬至10月下旬收获，如上海酱油豆、慈姑青、杭州五香鲜食大豆、南京大青豆等。

（2）品种分类。鲜食大豆按生长与结荚习性分为无限生长型、有限生长型和半有限生长型三类[11]：

无限生长型：茎蔓性，分枝性强，叶小而多，能继续向上生长，豆荚均匀分布在主茎和侧枝上，愈往主茎和分枝上部荚数愈少，至顶端往往只有小的一二粒豆荚，开花期较长，产量高。北方栽培较多，南方多雨，肥水条件好时易徒长倒伏。

有限生长型：茎直立，叶大而少，顶芽为花芽，豆荚集中在主茎上，主茎和分枝顶端有明显的荚簇，主茎不能继续生长，植株较矮、直立不倒，喜爱肥水较好的条件。南方栽培较多。

半有限生长型：介于上述两者之间，主茎较高，一般不易倒，主茎结荚较多，主茎和分枝顶端也结有两三个比较大的豆荚，在栽培条件较好时能获高产。

4.1.2 鲜食大豆种植模式

我国鲜食大豆受地域条件、地形条件所限，种植农艺存在一定差异，但一般采用穴播，种植上以间作套种、垄作和一般耕作为主[11]。

江苏省农业科学院进行了鲜食大豆—棉花套种技术研究，采用宽、窄行种植方式，宽行 90～100 cm 套种两行早播鲜食大豆，行距 40 cm，株距 25 cm。棉花与鲜食大豆的行距为 30 cm（图 4-1）。近年来，四川等省份进行了鲜食大豆—玉米套种栽培技术研究，采用宽、窄行种植方式，玉米与玉米行距 40 cm，玉米与鲜食大豆行距为 60 cm（图 4-2）。

图 4-1　鲜食大豆与棉花套种

图 4-2　鲜食大豆与玉米套种

　　江西省对垄作种植模式进行了研究，旋耕整地施基肥后起垄，垄宽 1 m，每垄种植 2 行，行距为 50 cm，株距为 25 cm（图 4-3）；1 垄 1 行种植模式如图 4-4 所示；江苏省对 1 垄 3 行、1 垄 4 行种植模式进行了研究，1 垄 4 行种植模式，行距 35～40 cm，株距 25～30 cm；1 垄 3 行种植模式，行距 40～45 cm，株距 25～30 cm，垄高不做要求（图 4-5）。

图 4-3　1 垄 2 行种植模式

　　实际种植中还有鲜食大豆—芹菜—秋延后辣椒高效模式，旱地麦—玉米—鲜食大豆三熟带状种植模式，淮北地区秋冬菜—豌豆—鲜食大豆周年高效种植模式，大棚西葫芦—鲜食大豆—早丝瓜—芹菜、大棚早鲜食大豆—早冬瓜—丝瓜—番茄种植模式等。目前，70% 左右仍然为 1 垄 3 行种植模式，

图 4-4　1 垄 1 行种植模式

图 4-5　1 垄 3 行种植模式

该方式能提高土地利用率，增加亩产，本文研制的机具主要解决该模式种植条件下的机械化收获问题。

4.1.3 鲜食大豆植株物理参数测试

鲜食大豆不同品种植株形态、荚宽、荚长、单株结荚个数、百粒重、3 粒豆的豆荚所占比例等略有差异。总体来说，鲜食大豆植株较矮；结荚高度低，茎秆、枝叶繁多，豆荚生长一般呈颗粒状聚集，存在豆荚贴地生长现象（图 4-6、图 4-7）。机械化收获中，容易产生脱荚滚筒触地，以及豆荚漏采率高、破损率高、含杂率高等问题，加大了机械化收获的难度。因此，了解掌握与统计分析鲜食大豆植株特性，对成功研究适合不同豆荚性状、大小以及豆荚植株高度、结荚高度等品种的自走式菜用鲜食大豆收获机具有重要意义。

图 4-6 豆荚贴地生长现象

图 4-7 豆荚荚果颗粒单元生长聚集性强

不同品种鲜食大豆的植株物理特性存在一定差异，但也有一定规律性，植株主要由根系、主茎秆、枝叶、豆荚等组成，株高、荚底高度、茎秆直径、叶片数、豆荚鲜重等参数能大致表述植株外形，鲜食大豆大致外形如图 4-8 所示，植株形状的统计参数如表 4-1 所示。从机械化收获与农艺最优融合模式考虑，将来推广品种，豆荚应提高荚底高度减少贴地现象，叶少、荚多，提高 3 粒荚所占比例，种植模式为 1 垄 3 行。

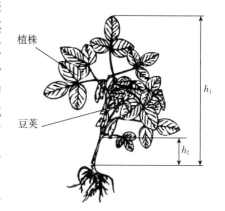
图 4-8 鲜食大豆植株外形图

本次测定选用的鲜食大豆品种为萧农秋艳、豆通 6 号、发财豆、台湾 75、青酥 6 号等，鲜食大豆植株特征参数如表 4-1、表 4-2 所示。其植株物理特性如下：

（1）萧农秋艳。株高 41.2～82.5 cm，平均值 58.26 cm；荚底高度 5.9～22.5 cm，平均值 13.49 cm；茎秆直径 3.5～6.8 mm，平均值 5.38 mm；单荚鲜重 3.1～4.6 g，平均值 3.91 g；单株结荚数 23～65 个，平均值 42.4 个；荚长 4.8～7.2 cm，平均值 5.95 cm；荚宽 1.4～1.8 cm，平均值 1.58 cm。

（2）豆通 6 号。株高 37.2～59.8 cm，平均值 47.89 cm；荚底高度 9.4～25.5 cm，平均值 14.48 cm；茎秆直径 4.8～6.5 mm，平均值 5.61 mm；单荚鲜重 3.3～4.8 g，平均值 4.16 g；单株结荚数 18～49 个，平均值 30.9 个；荚长 4.8～7.5 cm，平均值 5.96 cm；荚宽 1.2～1.8 cm，平均值 1.52 cm。

（3）发财豆。株高 38.5～75.0 cm，平均值 55.7 cm；荚底高度 9.7～25.5 cm，平均值 14.52 cm；茎秆直径 4.3～7.0 mm，平均值 5.8 mm；单荚鲜重 3.2～4.8 g，平均值 3.94 g；单株结荚数 18～70 个，平均值 32.6 个；荚长 3.9～6.5 cm，平均值 5.12 cm；荚宽 1.1～1.6 cm，平均值 1.37 cm。

（4）台湾 75。株高 35.0～81.3 cm，平均值 59.38 cm；荚底高度 10.7～25.5 cm，平均值 14.99 cm；茎秆直径 4.3～7.0 mm，平均值 5.84 mm；单荚鲜重 3.1～4.2 g，平均值 3.75 g；单株结荚数 23～65 个，平均值 35.1 个；荚长 4.2～6.3 cm，平均值 5.31 cm；荚宽 1.2～1.7 cm，平均值 1.46 cm。

（5）青酥 6 号。株高 35.0～55.0 cm，平均值 44.61 cm；荚底高度 8.5～25.5 cm，平均值 13.67 cm；茎秆直径 4.8～8.5 mm，平均值 6.23 mm；单荚鲜重 3.4～5.4 g，平均值 4.34 g；单株结荚数 22～60 个，平均 33 个；荚长 4.3～7.5 cm，平均值 5.36 cm；荚宽 1.2～1.6 cm，平均值 1.43 cm。

表 4-1　鲜食大豆植株特征数据测试

品种	h_1（株高）/cm	h_2（荚底高度）/cm	茎秆直径/mm	单荚鲜重/g	单株结荚数/个	荚长/cm	荚宽/cm	亩产量/kg
萧农秋艳	41.2	14.3	4.8	3.9	23	7.2	1.5	780～950
	55.5	17.5	5.3	3.6	41	6.3	1.6	780～950
	48.4	13.4	3.9	4.1	35	6.3	1.6	780～950
	43.5	7.8	3.5	3.2	32	4.9	1.4	780～950
	73.6	12.9	6.4	4.2	38	4.8	1.5	780～950
	53.8	10.9	6.1	3.8	43	6.1	1.7	780～950
	58.5	19.5	5.2	4.2	45	5.9	1.4	780～950
	65.5	22.5	6.5	4.6	65	6.5	1.8	780～950
	60.1	10.2	5.3	3.1	49	5.2	1.4	780～950
	82.5	5.9	6.8	4.4	53	6.3	1.7	780～950
豆通 6 号	37.2	14.2	5.2	4.1	19	7.5	1.7	800～1 000
	46.7	14.2	5.3	3.3	18	5.4	1.5	800～1 000
	50.7	14.6	5.7	3.9	24	6.3	1.6	800～1 000
	44.2	11.8	4.9	4.3	39	5.8	1.6	800～1 000
	51.8	16.8	6.4	4.8	32	5.1	1.4	800～1 000
	53.6	9.4	4.8	4.7	18	5.3	1.2	800～1 000
	49.5	12.3	5.8	4.4	27	4.8	1.3	800～1 000
	45.3	10.5	5.2	4.2	49	5.9	1.4	800～1 000
	40.1	15.5	6.3	3.5	45	7.3	1.8	800～1 000
	59.8	25.5	6.8	4.4	38	6.2	1.7	800～1 000

（续）

品种	h_1（株高）/ cm	h_2（荚底高度）/ cm	茎秆直径/ mm	单荚鲜重/ g	单株结荚数/ 个	荚长/ cm	荚宽/ cm	亩产量/ kg
发财豆	38.5	10.5	5.0	4.1	25	6.5	1.6	900～1 000
	42.5	11.7	5.3	3.4	18	4.1	1.2	900～1 000
	46.7	12.8	6.5	3.8	29	5.4	1.4	900～1 000
	64.2	9.7	6.7	3.6	18	5.3	1.3	900～1 000
	51.8	12.7	5.8	4.4	27	4.8	1.3	900～1 000
	70.2	13.2	6.2	3.2	34	5.9	1.4	900～1 000
	42.1	15.5	6.3	3.7	44	4.3	1.3	900～1 000
	54.3	13.8	4.3	3.8	37	5.4	1.5	900～1 000
	71.7	19.8	4.9	4.6	24	5.6	1.6	900～1 000
	75.0	25.5	7.0	4.8	70	3.9	1.1	900～1 000
台湾75	35.0	13.5	5.0	4.2	35	5.9	1.6	900～980
	52.6	10.7	5.3	3.4	51	4.3	1.2	900～980
	47.8	12.1	6.3	3.7	44	5.2	1.4	900～980
	69.2	23.4	6.4	3.6	23	4.9	1.5	900～980
	39.7	12.8	5.4	3.9	27	5.6	1.4	900～980
	70.2	11.8	6.2	4.1	29	6.1	1.4	900～980
	58.1	14.7	6.7	3.5	27	4.2	1.3	900～980
	62.1	13.8	5.8	3.1	26	5.4	1.5	900～980
	77.8	11.6	4.3	4.1	24	5.2	1.6	900～980
	81.3	25.5	7.0	3.9	65	6.3	1.7	900～980
青酥 6 号	35.0	8.5	5.0	4.2	30	7.5	1.4	800～1 000
	37.4	9.4	5.4	3.4	28	4.3	1.2	800～1 000
	44.4	12.6	5.9	3.8	31	5.2	1.4	800～1 000
	48.2	15.1	6.4	4.6	22	4.9	1.5	800～1 000
	38.4	13.7	8.5	4.7	48	5.6	1.4	800～1 000
	52.4	11.8	7.3	4.9	33	6.1	1.4	800～1 000
	49.7	14.7	6.3	3.7	27	4.3	1.3	800～1 000
	39.8	13.8	4.8	3.8	27	5.2	1.5	800～1 000
	45.8	11.6	5.7	4.9	24	5.3	1.6	800～1 000
	55.0	25.5	7.0	5.4	60	5.2	1.6	800～1 000

表 4-2　鲜食大豆植株物理特性平均值

品种	项目	h_1（株高）/ cm	h_2（荚底高度）/ cm	茎秆直径/ mm	单荚鲜重/ g	单株结荚数/ 个	荚长/ cm	荚宽/ cm	亩产量/ kg
萧农 秋艳	最大值	82.5	22.5	6.8	4.4	23	4.8	1.8	780
	最小值	41.2	5.9	3.5	3.1	65	7.2	1.4	950
	平均值	58.26	13.49	5.38	3.91	42.4	5.95	1.58	780～950

（续）

品种	项目	h_1（株高）/cm	h_2（荚底高度）/cm	茎秆直径/mm	单荚鲜重/g	单株结荚数/个	荚长/cm	荚宽/cm	亩产量/kg
豆通6号	最大值	59.8	25.5	4.8	4.8	49	7.5	1.8	1 000
	最小值	37.2	9.4	6.5	3.3	18	4.8	1.2	800
	平均值	47.89	14.48	5.61	4.16	30.9	5.96	1.52	800～1 000
发财豆	最大值	75.0	25.5	7.0	4.8	70	6.5	1.6	1 000
	最小值	38.5	9.7	4.3	3.2	18	3.9	1.1	900
	平均值	55.7	14.52	5.8	3.94	32.6	5.12	1.37	900～1 000
台湾75	最大值	81.3	25.5	7.0	3.1	65	6.3	1.7	980
	最小值	35.0	10.7	4.3	4.2	23	4.2	1.2	900
	平均值	59.38	14.99	5.84	3.75	35.1	5.31	1.46	900～980
青酥6号	最大值	55.0	25.5	8.5	4.9	60	7.5	1.6	1 000
	最小值	37.4	11.6	4.8	3.4	22	4.3	1.2	800
	平均值	44.61	13.67	6.23	4.34	33	5.36	1.43	800～1 000

4.2　植株含水率测试

4.2.1　试验材料与仪器设备

　　我国大部分省份均适合鲜食大豆种植，不同省份受气候影响略有差别，南方地区一般种植三季，北方以一季或二季为主。三季种植时间分别是：春播、夏播和秋播，常被称为早豆、中豆和晚豆。对鲜食大豆的植株和豆荚的几何尺寸进行了统计分析：植株高度为250～900 mm、茎秆直径为4～12 mm、底荚高度60～180 mm，有贴地生长现象，豆荚长度为35～62 mm，荚宽12～17 mm。

　　试验以新鲜鲜食大豆萧农秋艳、豆通6号为试验对象，样本采自常熟碧溪出口蔬菜示范园横塘蔬菜基地。该基地种植为春播豆，成熟日期一般为6月底到7月上旬。样本在相同气候条件下采集，样品选取形状、质量均匀分布个体，采后迅速冷藏，贮藏温度为−2～0 ℃，试验在采样后规定时间内完成。

　　为使研究更充分，同时也便于寻找最适宜的鲜食大豆收获期，本次试验材料取样时间从6月30日开始，截至7月14日，每日采1次样，共采样15批次，采样期间鲜食大豆植株仍处于生长状态，如图4-9所示。采集方式为地毯式整秆切割，保留豆秆、豆荚的完整性。

图4-9　鲜食大豆田间种植

4.2.2 鲜食大豆植株含水率测试

鲜食大豆收获期脱荚是田间生长状态下直接脱荚，所以鲜食大豆茎秆、豆荚等的机械特性测定样件应随测随取[58]。田间随机选取萧农秋艳、豆通 6 号的整秆各 10 根，在实验室分别对茎秆、豆荚荚壳、籽粒、荚柄进行测试。测试仪器为日本津岛 MOC－63U 型电热鼓风干燥仪，将供测试茎秆、豆荚荚壳、籽粒、荚柄剪切成标准样品处理后，放入水分测试仪测定含水率，每个品种重复测试 10 次，取平均值。茎秆样本取植株不同部位茎秆制作，壁厚×外径分别为 1 mm×6.5 mm、1 mm×5.5 mm、1 mm×3.5 mm、1 mm×2.5 mm、1 mm×1.5 mm。籽粒样本取籽粒中间面剖切制作成正方形，1 mm×1 mm。荚壳样本剪切制作，截面尺寸为 2 mm×2 mm。叶片样本剪切制作，截面尺寸为 5 mm×5 mm。

试验材料测得的萧农秋艳茎秆含水率为 73.5%～77.8%，平均含水率为 76.03%；籽粒含水率为 77.8%～82.3%，平均含水率为 80.22%；荚壳含水率为 65.4%～70.1%，平均含水率为 67.90%；叶片含水率为 87.2%～92.5%，平均含水率为 90.27%。豆通 6 号茎秆含水率为 73.4%～78.5%，平均含水率为 75.83%；籽粒含水率为 77.2%～83.5%，平均含水率为 80.48%；荚壳含水率为 65.2%～70.4%，平均含水率为 67.74%；叶片含水率为 86.2%～93.5%，平均含水率为 90.24%。试验证明，不同品种、不同位置的鲜食大豆籽粒、茎秆、叶片、荚壳含水率较为接近，其中叶片、籽粒含水率略高（表 4-3）。

表 4-3　鲜食大豆植株含水率测试

品种	序号	茎秆样本/（mm×mm）	茎秆含水率/%	籽粒样本/（mm×mm）	籽粒含水率/%	荚壳样本/（mm×mm）	荚壳含水率/%	叶片样本/（mm×mm）	叶片含水率/%
萧农秋艳	1	1×6.5	73.5	1×1	81.5	2×2	65.4	5×5	87.2
	2	1×6.5	76.4	1×1	80.4	2×2	70.1	5×5	91.7
	3	1×5.5	77.4	1×1	79.8	2×2	68.7	5×5	89.1
	4	1×5.5	76.5	1×1	79.4	2×2	69.2	5×5	91.4
	5	1×3.5	77.8	1×1	82.3	2×2	66.8	5×5	90.6
	6	1×3.5	75.3	1×1	77.8	2×2	66.3	5×5	92.5
	7	1×2.5	77.1	1×1	81.3	2×2	68.5	5×5	88.2
	8	1×2.5	76.9	1×1	80.1	2×2	68.4	5×5	90.6
	9	1×1.5	75.1	1×1	79.2	2×2	67.4	5×5	91.1
	10	1×1.5	74.3	1×1	80.4	2×2	68.2	5×5	90.3
	平均值		76.03		80.22		67.9		90.27
豆通6号	1	1×6.5	73.4	1×1	83.5	2×2	65.2	5×5	86.2
	2	1×6.5	75.4	1×1	81.7	2×2	70.4	5×5	91.7
	3	1×5.5	75.2	1×1	79.6	2×2	68.4	5×5	90.3
	4	1×5.5	76.1	1×1	80.7	2×2	65.5	5×5	90.4
	5	1×3.5	78.5	1×1	80.4	2×2	66.2	5×5	91.6
	6	1×3.5	75.6	1×1	77.2	2×2	68.2	5×5	93.5
	7	1×2.5	76.5	1×1	82.5	2×2	69.5	5×5	88.7
	8	1×2.5	76.2	1×1	80.6	2×2	67.8	5×5	89.3
	9	1×1.5	77.1	1×1	79.5	2×2	68.5	5×5	90.1
	10	1×1.5	74.3	1×1	79.1	2×2	67.7	5×5	90.6
	平均值		75.83		80.48		67.74		90.24

4.3　鲜食大豆植株力学测试

4.3.1　鲜食大豆茎秆及荚柄抗拉强度测试

力学测试设备采用 WDW‑10 微机控制电子万能试验机，其测试力量程 5 kN 时位移传感器的精度在±0.1％以内[59-61]。另外，其他的辅助工具包括：测试工装夹具、直尺、游标卡尺、辅助测试工具等。

（1）茎秆抗拉强度测试。由于鲜食大豆茎秆外径较小，无法将木质部、韧皮纤维层、表皮层逐一测量，故而将其近似视为一体[59-61]。试样切割成长 100 mm、外径 3.7 ～ 4.5 mm 的段，等差均匀分列；试样使用钳板式夹紧装置，夹持部位用柔性材料包裹，中心髓部插入钢丝；启动预紧力＜5 N，试验加载速度为 5 mm/min，茎秆试样的试验各重复进行 10 组，选取其中数值为最大、最小、中间 3 组。

对鲜食大豆茎秆的 10 组试样进行径向拉伸试验，茎秆受拉应力‑应变曲线如图 4‑10 所示，受拉力‑位移曲线如图 4‑11 所示。径向拉伸茎秆试验样本直径分别为 3.7 mm、4.5 mm、5 mm，试验表明：

① 茎秆受力过程中，基本满足拉伸实验弹性变形阶段、屈服阶段、强化阶段、压缩破碎阶段要求。

② 茎秆承受拉力为 52 ～ 297 N，断裂拉伸位移为 1.5 ～ 2.3 mm，最大抗拉力与茎秆直径成正比。

③ 根据图 4‑10 受拉应力‑应变曲线可知，茎秆弹性模量为 311 ～ 853 MPa。

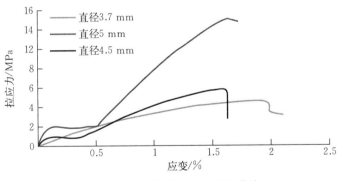

图 4‑10　茎秆受拉应力‑应变曲线

（2）荚‑柄抗拉强度测试。鲜食大豆荚‑柄分离力学性质是影响鲜食大豆收获机性能的重要因素，将影响收获过程中脱荚效率与脱荚损失率。根据植株力学特征，鲜食大豆荚柄断裂处为鲜食大豆茎秆与荚‑柄连接点或荚‑柄与豆荚连接点，也可能为荚‑柄的自身某位置。固定后，进入试验程序控制界面，本试验中选定加载速度为 5 mm/min，每组试验在相同工况下重复 10 次，取平均值，最后得出荚‑柄抗拉范围[62-64]。

对鲜食大豆荚‑柄结合的 10 组试样进行径向拉伸试验，试验受拉力‑位移曲线如图 4‑12 所示。试验表明：

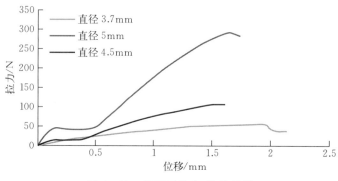

图 4-11　茎秆受拉力-位移曲线

① 荚-柄受力过程中，基本满足拉伸实验弹性变形阶段、屈服阶段、强化阶段、压缩破碎阶段的要求。

② 荚-柄承受拉力为 4.8～21 N，断裂拉伸位移为 3.5～5.1 mm。

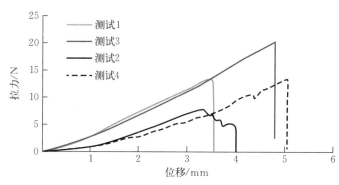

图 4-12　果柄受拉力-位移曲线

4.3.2　鲜食大豆茎秆及豆荚压缩试验

将茎秆试样切割成长 10～15 mm 的段，直径 4.0～5.0 mm；试验加载速度为 5 mm/min，启动预压力<5 N，茎秆试样的试验各重复进行 10 组[65-68]。

对鲜食大豆茎秆的 10 组试样进行轴向受压试验，茎秆轴向受压应力-应变曲线、受压力-位移曲线如图 4-13、图 4-14 所示。试验表明：

（1）茎秆受压过程中明显变形，轴向变小，径向变大，且挤压过程中茎秆有水分挤出。

（2）根据图 4-13 茎秆轴

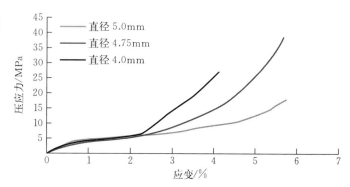

图 4-13　茎秆轴向受压应力-应变曲线

向受压应力-应变曲线可知，茎秆受压弹性模量为 263～720 MPa。

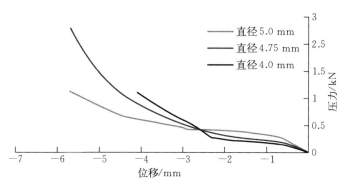

图 4 - 14   茎秆轴向受压力-位移曲线

豆荚破损率是鲜食大豆收获效果的一个重要考核指标。测试豆荚能承受的最大压力对鲜食大豆收获机具的设计具有重要意义。豆荚有二粒豆、三粒豆、四粒豆，试样使用压缩试验压块，启动预压力<5 N，试验加载速度为 5 mm/min，豆荚试样的试验各重复进行 10 组[69-78]。

4.4   本章小结

（1）本章首先介绍了鲜食大豆植株种植农艺基本情况、物理参数。农艺情况包括鲜食大豆种植与生长周期，鲜食大豆的生长习性、品种分类、种植模式等。重点对本次测定选用的鲜食大豆品种萧农秋艳、豆通 6 号、发财豆、台湾 75、青酥 6 号等的株高、荚底高度、茎秆直径、单荚鲜重、单株结荚数、荚长、荚宽等参数进行了系统测量与数据统计，这为多行自走式全液驱鲜食大豆收获机的脱荚滚筒布置提供了科学依据。

（2）进一步以鲜食大豆萧农秋艳、豆通 6 号为试验对象，利用日本津岛 MOC - 63U 型电热鼓风干燥仪测定鲜食大豆植株各部位含水率，将供测试茎秆、豆荚荚壳、籽粒、荚柄剪碎成标准样品。试验材料测得的萧农秋艳茎秆平均含水率为 76.03%；籽粒平均含水率为 80.22%；荚壳平均含水率为 67.90%；叶片平均含水率为 90.27%。豆通 6 号茎秆平均含水率为 75.83%；籽粒平均含水率为 80.48%；荚壳平均含水率为 67.74%；叶片平均含水率为 90.24%。试验证明，不同品种、不同位置的鲜食大豆籽粒、茎秆、叶片、荚壳含水率较为接近，其中叶片、籽粒含水率略高。

（3）重点进行了鲜食大豆茎秆及荚柄抗拉强度力学性能测试，鲜食大豆茎秆及豆荚压缩力学性能测试；径向拉伸试验测试获取了鲜食大豆茎秆的受拉应力-应变曲线、受压力-位移曲线。径向拉伸茎秆试验样本直径分别为 3.7 mm、4.5 mm、5 mm，试验表明：茎秆受力过程中，基本满足拉伸实验弹性变形阶段、屈服阶段、强化阶段、压缩破碎阶段要求；茎秆承受拉力为 52～297 N，断裂拉伸位移为 1.5～2.3 mm，最大抗拉力与茎秆直径成正比，根据受拉应力-应变曲线可知，茎秆弹性模量为 311～853 MPa。对鲜食大豆荚柄结合的 10 组试样进行径向拉伸试验。试验表明：荚-柄受力过程中，基本满足拉伸实验弹

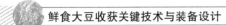

性变形阶段、屈服阶段、强化阶段、压缩破碎阶段的要求；果柄承受拉力为 4.8～21 N，断裂拉伸位移为 3.5～5.1 mm。对鲜食大豆茎秆的 10 组试样进行轴向受压试验，试验获取了茎秆轴向受压应力-应变曲线、受拉力-位移曲线。试验表明：茎秆受压过程中明显变形，轴向变小，径向变大，且挤压过程中茎秆有水分挤出；根据茎秆轴向受压应力-应变曲线可知，茎秆受压弹性模量为 263～720 MPa。

第5章 脱荚性能试验及滚筒梳刷脱荚装置设计

5.1 脱荚原理与荚-柄分离力学特性

5.1.1 滚筒脱荚原理

脱荚滚筒由下罩壳、上罩壳、滚筒、梳刷齿等组成[79-83]，其中梳刷齿沿滚筒呈均匀阶梯排列，脱荚原理为脱荚滚筒整体前置布置，机具前进过程中，豆秆植株在分禾器作用下分行后，鲜食大豆植株经拨禾毛刷一次压倒、滚轮二次压倒后进入脱荚滚筒内，滚筒上弹性拨指插入鲜食大豆植株豆荚颗粒单元，滚筒高速旋转带动弹性拨指强制性地将鲜食大豆豆荚从茎秆上梳刷下来，豆荚颗粒单元与梳刷机构交互作用后，在惯性的作用下被抛至后方输送装置，输送带为槽板式设计，豆荚经输送、栅选、风选、收集后完成整个收获过程。鲜食大豆脱荚原理如图5-1所示。

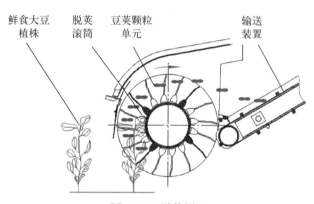

图5-1 脱荚原理

5.1.2 荚-柄分离力学特性

分析脱荚滚筒弹性拨指与豆秆植株的交互作用过程，机器以工作速度向前运动，如图5-1所示。豆秆植株在分禾器作用下分行，喂入脱荚滚筒后，弹性拨指插入豆荚颗粒单元旋转梳刷打击，由于弹性拨指呈螺旋线均匀分布于脱荚滚筒，豆荚在弹性拨指的撞击作用下，迅速产生一个速度v_j，即在Δt时间内，豆荚的速度由0迅速增大到v_j，这个过程中，豆荚与弹性拨指发生剧烈碰撞，弹性拨指动能转化为豆荚动能，豆荚受到较大的冲击力F_c，根据冲量定理，假设碰撞时间为Δt，则：

$$F_c = \frac{mv_j}{\Delta t} \tag{5-1}$$

$$\overrightarrow{F_c} = \overrightarrow{F_n} + \overrightarrow{F_\tau} - \overrightarrow{mg} - \overrightarrow{F_{脱}} = \overrightarrow{ma} \tag{5-2}$$

$$I\frac{\mathrm{d}\omega}{\mathrm{d}t} = F_n r\cos\theta - F_\tau r\sin\theta \tag{5-3}$$

式中：F_c——单粒豆荚所受撞击合力，N；

m——单粒豆荚的重量，kg；

v_j——单粒豆荚的瞬间速度，m/s；

Δt——弹性拨指与单粒豆荚接触时间，s；

F_n——单粒豆荚法向撞击力，N；

F_τ——单粒豆荚切向撞击力，N；

$F_{脱}$——单粒豆荚荚-柄脱离力，N；

I——单粒豆荚转动惯量，kg·m²；

r——单粒豆荚重心至坐标中心 O 的距离，m；

θ——弹性拨指与单粒豆荚碰撞角度，即碰撞平面与豆荚长轴之间的夹角，（°）；

a——单粒豆荚加速度，m/s²；

$\dfrac{\mathrm{d}\omega}{\mathrm{d}t}$——单粒豆荚重心中心绕 O 角加速度，rad/s²；

g——重力加速度，m/s²。

利用能量守恒定律分析其撞击过程，可以得到

$$P_{总}\,\Delta t - P_{空}\,\Delta t = \frac{1}{2}mv_j^2 + \int_{s_2}^{s_1} F_{脱}\,s\,\mathrm{d}s + \int_{x_0}^{x_1} k_1 x\,\mathrm{d}x + \int_{x_0}^{x_1} mh\,\mathrm{d}h + \frac{1}{2}k_2\Delta x^2 + J_{豆荚}$$

$$(5-4)$$

式中：$P_{总}$——单粒豆荚脱荚时脱荚总功耗，W；

$P_{空}$——单粒豆荚空载时脱荚功耗，W；

s——单粒豆荚位移，m；

s_1——单粒豆荚初始位移，m；

s_2——单粒豆荚脱离位移，m；

x——弹性拨指位移，m；

x_0——单粒豆荚与弹性拨指接触初始位置，m；

x_1——单粒豆荚与弹性拨指脱离位置，m；

k_1——弹性拨指与豆秆摩擦系数，N/m；

h——单粒豆荚上升位移，m；

k_2——弹性拨指瞬间弹性系数，N/m；

Δx——弹性拨指变形量，m；

$J_{豆荚}$——豆荚撞击所获弹性势能，J。

由于豆荚重量 m 较小，故 $\int_{x_0}^{x_1} mh\,\mathrm{d}h$ 项可以忽略不计。而弹性拨指撞击产生弹性势能，且弹性拨指刚度系数较大，弹性变形量很小，几乎可忽略；弹性拨指与豆秆摩擦阻力所产生能量与脱荚间距、植株含水率、植株茎秆尺寸、脱荚辊材料及形状都有关系，从机具节能减阻角度考虑，上述几项都为无用功，应尽可能减少。

而豆荚无损伤脱离从能量与受力角度考虑应满足如下两个条件：$J_{豆荚}\leqslant J_{破损}$；$F_c\geqslant F_{脱}$。故脱荚过程中，豆荚撞击后产生的冲击力应大于豆荚最大脱离力且应尽可能大，其他无关能量应尽可能小，而豆荚吸收弹性势能应小于其最大破损能量，避免豆荚破损。

鲜食大豆单粒豆荚受击后受力如图 5 - 2 所示。豆荚相对于点 O（荚柄连接点）做摆动运动时，受到重力 G（mg）、撞击力 F_c 作用，F_c 法向分力 F_n 对豆荚产生轴向拉力，将豆荚拉落，切向分力 F_τ 会对点 O 产生旋转力矩，使豆荚绕点 O 扭转，豆荚受扭矩，将豆荚与豆柄折落。

$$F_n = ma_n = F_c\cos\varphi = ml\dot{\varphi}^2$$
$$(5-5)$$

$$F_\tau = ma_\tau = F_c\sin\varphi = ml\ddot{\varphi}$$
$$(5-6)$$

豆荚撞击分离形式主要有两种：豆荚与豆柄连接处分离，受到法向冲击力 F_n 的拉力作用；豆荚与豆柄连接处分离，受到

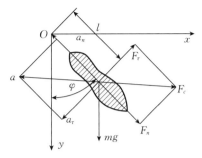

图 5 - 2 单粒豆荚受击后受力示意

注：m 为鲜食大豆单粒豆荚重量，kg；F_c 为单粒豆荚所受撞击合力，N；F_n 为单粒豆荚法向撞击力，N；F_τ 为单粒豆荚切向撞击力，N；l 为单粒豆荚重心与荚柄节点长度，m；φ 为单粒豆荚转动角位移，rad；a 为单粒豆荚加速度，m/s²；a_n 为单粒豆荚法向加速度，m/s²；a_τ 为单粒豆荚切向加速度，m/s²。

切向冲击力 F_τ 的作用，产生扭矩折断。根据试验可知，两种脱落形式均满足脱荚要求，不影响收获品相。豆荚分离脱落的条件为：

$$F_n + mg\sin\varphi > F_{脱}$$
$$(5-7)$$

$$(F_\tau + mg)\,l \geqslant T_{脱}$$
$$(5-8)$$

豆荚粒重力仅 $0.05 \sim 0.2$ N，可忽略不计。式中，$T_{脱}$ 为豆荚与豆柄节点脱落最大扭矩，由试验测得 $F_{脱}$ 为 $10 \sim 30$ N，$T_{脱}$ 受含水率影响较大，含水率越高越难折断且很难定性测定。实践证明，鲜食大豆脱荚过程中，豆荚脱荚主要是受脱荚辊冲击拉力扯断。因此，寻找提高冲击合力 F_c，减少豆荚单位面积所受冲击 $J_{豆荚}$ 的因素十分关键。

5.2 脱荚性能试验

5.2.1 脱荚性能试验平台

鲜食大豆荚-柄的脱离是由立式脱荚辊机构旋转拍掉鲜食大豆使豆荚瞬间做变速运动，由此产生的冲击合力克服豆荚与茎秆节点的连接力，实现鲜食大豆荚-柄分离。鲜食大豆脱荚试验装置由脱荚辊、输送机构、角度调节机构、间距调节机构、试验台承载机架、角度调节螺杆、锥齿轮、传动调速电机、脱荚调速电机等组成。采用电机驱动，链传动输送喂料，试验台绕左侧机架与底座的铰接连接点转动，从而实现脱荚辊与地面角度的连续调节；间距调节机构通过螺杆松紧控制脱荚辊间距；传动调速电机、脱荚调速电机分别控制脱荚辊转速及豆秆喂入速度，脱荚辊通过一对锥齿轮组合传动，脱荚装置运行过程中脱荚辊高速旋转，对作物豆荚进行向上击打，豆秆穿透于两辊之间，输送装置输送过程中，脱荚装置对豆秆自上而下完成脱荚，总体结构如图 5 - 3 所示，性能试验如图 5 - 4 所示。

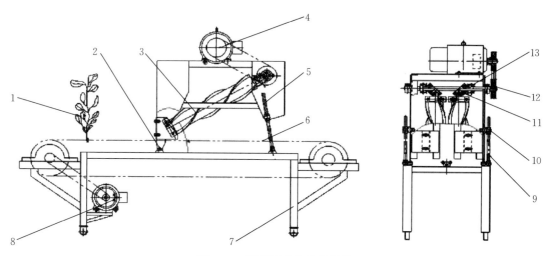

图 5-3　脱荚试验台总体结构

1. 豆秆　2. 铰接机构　3. 脱荚辊　4. 脱荚调速电机　5. 角度调节机构　6. 输送机构　7. 试验台承载机架
8. 传动调速电机　9. 角度调节螺杆　10. 螺母　11. 锥齿轮　12. V 带轮　13. 间距调节机构

a

b

图 5-4　脱荚试验平台外观与性能试验

a. 脱荚试验平台外观　b. 脱荚性能试验

5.2.2　试验材料

　　试验鲜食大豆由常熟碧溪出口蔬菜示范园横塘蔬菜基地提供，品种为萧农秋艳、豆通6 号，成熟日期一般为 7 月下旬至 8 月中旬，采样日期分别为 2014 年 8 月 1—7 日，样品选择形状、质量相似，同气候条件下采集样品，采后迅速冷藏，贮藏温度为 -2~0 ℃。试验在采样后 24 h 内完成，相关物理特性如表 5-1 所示。鲜食大豆脱荚模拟试验台硬件包括：Y90L-4 型电动机、Y100L-4 型电动机、JR7000 系列通用变频器；V 带、锥齿轮等传动装置。测量装置包括：电子天平、卷尺、转速表等。

表 5-1 鲜食大豆植株物理特性

品种	株高/cm	荚底高度/cm	茎秆直径/mm	单株结荚数/个
萧农秋艳	41.2～65.5	14.3～22.5	4.8～6.5	18.5
豆通 6 号	37.2～59.8	14.2～25.5	5.2～6.57	20.3

5.2.3 试验参数计算方法及脱荚质量影响因素确定

通过计数法计算脱荚率、破损率[84]。为保证测量的准确性，试验条件为同一时间段收获相同品种鲜食大豆，在脱荚装置相同试验参数情况下多次测量取平均值，每一批次脱荚完成后，统计脱落个数和未脱落个数及破损个数，根据式（5-9）、式（5-10）计算 p_r（脱荚率）、p_t（破损率）。

$$p_r = \frac{\sum_{i=0}^{n} \dfrac{N_r}{N_r + N_u + N_t}}{n} \tag{5-9}$$

$$p_t = \frac{\sum_{i=0}^{n} \dfrac{N_u}{N_r}}{n} \tag{5-10}$$

式中：n——实验次数，次；

　　　p_r——脱荚率，%；

　　　p_t——破损率，%；

　　　N_r——豆荚脱落个数，个；

　　　N_t——豆荚未脱落个数，个；

　　　N_u——豆荚破损个数，个。

鲜食大豆脱荚率、破损率的大小主要与脱荚辊转速、辊荚角、辊间距、辊型与表面材料硬度、植株成熟度、植株含水率、植株外形等因素有一定关系，而最主要影响因素有：脱荚辊转速、喂料速度、辊间距。本试验将脱荚率、破损率确定为试验指标，将脱荚辊转速、辊荚角、喂料速度（机具行走速度）、辊荚角确定为试验因素。

5.2.4 试验设计

本试验选取脱荚辊转速 A、辊间距 B、喂料速度 C 等 3 个因素为考察因素，对萧农秋艳、豆通 6 号两品种进行试验，脱荚植株设定为 10 株，辊荚角为 30°。各因素范围是根据预先试验与经验获得，在脱荚辊转速低于 400 r/min 时，豆荚落地率太低；高于 680 r/min 时，豆荚损伤率较高；辊间距小于 10 mm 时，豆秆容易挤断；辊间距大于 20 mm 时，豆荚漏采率较高；喂料速度为机具行走速度。综合考虑设计要求，脱荚辊转速选取 500～650 r/min，辊间距 12～18 mm，喂料速度 0.3～0.5 m/s 为试验范围。试验所取因素与水平如表 5-2 所示。依 $L_9(3^4)$ 正交表进行 9 组试验，每组分离试验进行 5 次，取 5 次测试结果的均值作为该组的试验结果。

表 5 - 2　试验因素与水平

水 平	因素		
	A	B	C
1	500	12	0.3
2	600	15	0.4
3	650	18	0.5

5.3　试验结果与分析

5.3.1　正交表直观分析

由正交试验测得的试验结果以及对采集数据的分析结果如表 5 - 3 所示。

表 5 - 3　试验结果与分析

试验号	影响因素				脱荚率/%		破损率/%	
	A	B	C	空列	萧农秋艳	豆通 6 号	萧农秋艳	豆通 6 号
1	1	1	1	1	88.45	86.32	5.57	5.52
2	1	2	2	2	85.45	84.32	4.34	4.27
3	1	3	3	3	84.54	83.24	2.27	2.56
4	2	1	2	3	92.53	92.58	4.32	4.52
5	2	2	3	1	97.74	95.89	4.12	4.35
6	2	3	1	2	98.54	97.75	3.27	4.12
7	3	1	3	2	99.72	98.42	9.24	8.97
8	3	2	1	3	98.57	98.52	9.13	8.92
9	3	3	2	1	97.87	97.48	8.85	8.86
萧农秋艳 脱荚率/%	$\overline{k_1}$	86.147	93.567	95.19	94.687	$\overline{k_1}$	84.627	92.44	94.20	93.23
	$\overline{k_2}$	96.270	93.920	91.95	94.570	$\overline{k_2}$	95.407	92.91	91.46	93.50
	$\overline{k_3}$	98.720	93.650	94.00	91.880	豆通 6 号 脱荚率/% $\overline{k_3}$	98.140	92.82	92.52	91.45
	R	4.191	0.118	1.079	0.936	R	4.504	0.157	0.912	0.68
	因素主次：A＞C＞B					因素主次：A＞C＞B				
	较优组合：$A_3B_2C_1$					较优组合：$A_3B_2C_1$				
萧农秋艳 破损率/%	$\overline{k_1}$	4.060	6.377	5.990	6.180	$\overline{k_1}$	4.117	6.337	6.187	6.243
	$\overline{k_2}$	3.903	5.863	5.837	5.617	$\overline{k_2}$	4.330	5.847	5.883	5.787
	$\overline{k_3}$	9.073	4.797	5.210	5.240	豆通 6 号 破损率/% $\overline{k_3}$	8.917	5.180	5.293	5.333
	R	1.723	0.527	0.26	0.313	R	1.600	0.386	0.298	0.303
	因素主次：A＞B＞C					因素主次：A＞B＞C				
	较优组合：$A_2B_3C_3$					较优组合：$A_1B_3C_3$				

品种对脱荚率与破损率影响较小，两种作物较优组合大致相同。脱荚率的各试验因素水平的较优组合为 $A_3B_2C_1$，主因素影响顺序为脱荚辊转速＞喂料速度＞辊间距；豆荚破损率的各试验因素水平的较优组合，萧农秋艳为 $A_2B_3C_3$，豆通 6 号为 $A_1B_3C_3$，主因素影响顺序为脱荚辊转速＞辊间距＞喂料速度。

5.3.2　方差分析

方差分析见表 5-4，结果表明：对于脱荚率指标，在 95% 的置信度下，豆通 6 号、萧农秋艳脱荚辊转速、喂入速度显著，辊间距不显著，其中喂入速度显著性强于脱荚辊转速。对于豆荚破损率指标，在 95% 的置信度下，豆通 6 号脱荚辊转速、辊间距、喂入速度较显著；脱荚辊转速＞辊间距＞喂入速度。

表 5-4　各性能指标方差分析

品种	指标	因素	SS	DF	MS	F 值	p 值
萧农秋艳	脱荚率	A	266.573	2	133.287	17.622	0.050
		B	0.205	2	0.102	0.014	0.987
		C	16.087	2	8.043	1.063	0.485
		误差	15.127	2	7.564		
	破损率	A	51.887	2	25.944	38.640	0.025
		B	3.898	2	1.949	2.903	0.256
		C	1.025	2	0.512	0.763	0.567
		误差	1.343	2	0.671		
豆通 6 号	脱荚率	A	306.290	2	153.145	41.091	0.024
		B	0.375	2	0.188	0.050	0.952
		C	11.428	2	5.714	1.533	0.395
		误差	7.454	2	3.727		
	破损率	A	44.123	2	22.062	35.521	0.027
		B	2.022	2	1.011	1.628	0.381
		C	1.238	2	0.619	0.997	0.500
		误差	1.242	20	0.621	35.521	0.027

注：$p < 0.01$ 表示极显著，$p < 0.05$ 表示显著，$p > 0.05$ 表示不显著；SS 为离差平方和；DF 为自由度；MS 为平均离差平方和。

5.3.3　综合优化分析

本试验指标影响因素的主次顺序不同，各指标影响因素较优组合的水平也各不相同，故采用模糊综合评价方法对试验结果进行分析，选出使性能指标都尽可能达到最优的参数组合[85]。为消除 2 个评价指标量纲和数量级不同的影响，需对脱荚率 T_1、豆荚破损率 T_2 进行处理，转换为指标隶属值。经上面分析得知同等试验因素情况下，不同的鲜食大豆品种脱荚率、破损率基本保持一致，故下面分析 T_1、T_2 为萧农秋艳、豆通 6 号试验结果平均值。T_1 为偏大型指标，即越大越好，T_2 为偏小型指标，即越小越好。因此根据式（5-11）、式（5-12）建立其隶属函数，得出指标 T_1、T_2 隶属度值 R_{1n}、R_{2n}，见表 5-5。由隶属度值构成模糊关系矩阵 $\boldsymbol{R}_r$，见式（5-13）。

$$r_{i1} = \frac{T_{i\min} - T_{in}}{T_{i\min} - T_{i\max}} \quad (i=1,\ n=1,\ 2,\ \cdots,\ 9) \tag{5-11}$$

$$r_{i2} = \frac{T_{i\max} - T_{in}}{T_{i\max} - T_{i\min}} \quad (i=1,\ n=1,\ 2,\ \cdots,\ 9) \tag{5-12}$$

$$\boldsymbol{R}_r = \begin{bmatrix} r_{11} & \cdots & r_{19} \\ r_{21} & \cdots & r_{29} \end{bmatrix} \tag{5-13}$$

本试验以提高脱荚率、减少豆荚破损率为目标，根据这两个性能指标的重要性，确定本试验权重分配集 $\boldsymbol{P} = [0.75,\ 0.25]$，即脱荚率和豆荚破损率的权重分别为 0.75、0.25。由模糊矩阵 $\boldsymbol{R}_r$ 与权重分配集 $\boldsymbol{P}$ 确定模糊综合评价值集 $\boldsymbol{U}_x$，其中 $\boldsymbol{U}_x = \boldsymbol{P} \times \boldsymbol{R}_r$（综合评分结果见表 5-5 中 U_x 列）。将综合评分结果进行极差分析（表 5-6），分析结果表明，综合影响荚-柄分离指标的主次因素为：A＞C＞B，最优参数组合为 $A_2B_3C_1$，即脱荚辊转速为 600 r/min，辊间距为 18 mm，喂料速度为 0.3 m/s。方差分析见表 5-7，结果表明：在 95% 的置信度下，脱荚辊转速、喂料速度对荚-柄分离质量的影响具有显著性，辊间距影响不显著。

表 5-5　综合评分结果

试验号	指标隶属度值		综合评分
	R_{1n}	R_{2n}	U_x
1	0.230	0.532	0.306
2	0.066	0.717	0.229
3	0	1	0.25
4	0.571	0.700	0.603
5	0.851	0.728	0.820
6	0.939	0.809	0.907
7	1	0	0.75
8	0.965	0.012	0.727
9	0.908	0.037	0.690

注：R_{1n}、R_{2n} 分别为指标 T_1、T_2 的隶属度值。

表 5-6　综合评分极差分析

	因素		
	A	B	C
K_1	0.217	0.553	0.647
K_2	0.777	0.592	0.507

（续）

	因素		
	A	B	C
K_3	0.722	0.616	0.607
R	0.187	0.021	0.047
因素主次		A>C>B	
最优组合		$A_2B_3C_1$	

注：$K_1 \sim K_3$ 分别表示各因素各水平下综合评分（U_x）值的总和；R 为极差。

表 5-7 综合评分方差分析

方差来源	SS	DF	MS	F 值	p 值
A	0.480	2	0.240	28.033	0.034
B	0.006	2	0.003	0.351	0.740
C	0.031	2	0.015	1.802	0.357
误差	0.017	2	0.009		

5.3.4 试验验证

为了验证最优组合方案的科学性与正确性，同时确保优选前后鲜食大豆荚-柄分离脱荚率、破损率有可比性，进行验证试验，选取脱荚辊转速 600 r/min、辊间距 18 mm、喂料速度 0.3 m/s。试验结果表明，优选后的鲜食大豆荚-柄分离试验结果，脱荚率为 99.0%，破损率为 2.4%。优选后的鲜食大豆荚-柄分离装置的综合性能明显改善。

5.3.5 结论

鲜食大豆作物按收获方式主要表现为割后脱荚、直接脱荚两种形式。本方案采用旋耕、精整、起垄方式进行整地作业，鲜食大豆进行垄上种植，提高豆荚离地高度，采用直接脱荚方式进行收获。而机具收获中人工操作、垄高、沟深、地势平整度、植株长势、气候因素等对收获质量都有很大影响。本文考虑了脱荚辊转速、辊间距、喂料速度等因素对荚-柄分离指标的影响，并未进一步深入研究脱荚辊型、植株含水率、倒伏及整机配对作业效果，也未进一步深入研究收获含杂率、豆荚受击飞溅落入田间情况。因此，本文的研究结论能对高垄、田间地势平坦、植株直立较好的田间收获作业提供依据，而所述问题还有待进一步深入研究。

（1）分析了鲜食大豆荚-柄分离条件，基于能量守恒原理建立了分离过程的碰撞力学模型，得到了脱荚过程中力学、能量等定量方程，确定分离影响因素。

（2）设计的鲜食大豆荚-柄分离试验装置，可实现辊荚、辊间隙定量可调，喂料速度、脱荚辊转速无级可调，能够完成鲜食大豆荚-柄分离的实际作业工况。

（3）试验结果表明，影响综合指标的主次因素排列顺序为：脱荚辊转速＞喂料速度＞

辊间距，最优参数组合为脱荚辊转速 $600\ \mathrm{r/min}$，辊间距 $18\ \mathrm{mm}$，喂料速度 $0.3\ \mathrm{m/s}$，此时脱荚率为 99.0%，破损率为 2.4%，该试验为滚筒梳刷参数获取提供了指导。

5.4 均匀无漏梳刷法则与脱荚装置设计

5.4.1 滚筒均匀无漏梳刷法则

脱荚滚筒是自走式鲜食大豆收获机上的关键核心部件，它直接关系到脱荚率、漏采率、破损率、含杂率、落地率、机具功率等机具一系列关键核心指标[86]。如何用最少、最合理分布的弹性梳齿，最优的梳刷次数、力度等，达到高效脱净、分离以及消耗动力少的目的，这些都与弹性梳齿排列密切相关[87]。本文提出"均匀无漏梳刷"原则作为设计鲜食大豆脱荚滚筒弹性梳齿排列的基本原理。所谓均匀梳刷即机具前进过程中喂入鲜食大豆植株的豆荚颗粒单元进入滚筒后，滚筒各弹性梳齿梳刷在植株禾层的理想痕迹应该是均匀的、等间距的，且其梳刷间距、梳刷次数、梳刷力度应控制在某一最佳数值范围内，以达到脱荚率高、分离干净、含杂率低、破损率低以及消耗动力少的目标。滚筒旋转过程中如果前后几个梳刷弹齿重复梳刷在植株禾层的同一位置，或者梳刷的间距、力度等不均匀，便会出现如下弊病：

（1）如果梳刷拨指布局过密，在多次重复梳刷或者梳刷密集处，植株茎秆、茎叶、豆荚颗粒单元处被多次打击，不但茎秆被扯断、茎叶被撕碎，以及豆荚颗粒单元承受多次无效打击，造成脱荚破损率高、茎秆与叶片成分多，增加后期清选难度，而且造成动力浪费，也减少了弹性梳齿使用寿命。

（2）如果梳刷拨指布局过少，在弹性梳刷拨指漏梳的间断处或梳刷稀疏处，会造成脱荚不净和漏地损失，浪费现象严重。

均匀梳刷原理是把梳刷拨指排列的结构参数同滚筒转速、喂料速度等运动参数紧密联系起来，同时考虑脱荚破损率、漏采率、含杂率等一系列参数，合理布局，达到均匀梳刷原则[88]。

根据均匀无漏梳刷最优原则，以脱荚率、漏采率、破损率、含杂率为各子目标，通过实验验证、统计、农户调研确定各子目标权数，建立构成统一目标函数，即评价函数。

$$\max f(x) = \alpha_1 f_1(x) - \alpha_2 f_2(x) - \alpha_3 f_3(x) - \alpha_4 f_4(x) \qquad (5-14)$$

$$\alpha_1 + \alpha_2 + \alpha_3 + \alpha_4 = 1 \qquad (5-15)$$

$$f_1(x) = A_1 F_n^3 + A_2 F_n^2 + A_3 F_n + \beta \qquad (5-16)$$

$$f_2(x) = B_1 F_n^3 + B_2 F_n^2 + B_3 F_n + \delta \qquad (5-17)$$

$$f_3(x) = C_1 F_n^3 + C_2 F_n^2 + C_3 F_n + \eta \qquad (5-18)$$

$$f_4(x) = D_1 F_n^3 + D_2 F_n^2 + D_3 F_n + \mu \qquad (5-19)$$

$$F_n = k \cdot \omega \cdot R \cdot d \cdot n \qquad (5-20)$$

式中：$f_1(x)$、$f_2(x)$、$f_3(x)$、$f_4(x)$——分别为脱荚率、漏采率、破损率、含杂率目标函数；

α_1、α_2、α_3、α_4——分别为脱荚率、漏采率、破损率、含杂率权数，通过实验验证、统计、农户调研确定各子目标权数；

A_1、A_2、A_3、β——分别为脱荚率 $f_1(x)$ 的目标函数系数，由实验结果，经回归分析后获得；

B_1、B_2、B_3、δ——分别为漏采率 $f_2(x)$ 的目标函数系数，由实验结果，经回归分析后获得；

C_1、C_2、C_3、η——分别为破损率 $f_3(x)$ 的目标函数系数，由实验结果，经回归分析后获得；

D_1、D_2、D_3、μ——分别为含杂率 $f_4(x)$ 的目标函数系数，由实验结果，经回归分析后获得；

F_n——梳刷函数；

k——梳刷函数调节系数；

ω——滚筒转速；

R——滚筒半径；

d——梳齿距离；

n——每圈辊齿个数。

5.4.2　梳刷拨指设计原则

梳刷拨指结构如图 5-5 所示，整个梳刷拨指由拨指、橡胶底座、连接板组成，其中拨指、橡胶底座、连接板浇注成型，连接板按一定规律均匀铆接于滚筒，拨指与橡胶底座一体浇注成型，使得机具收获过程中拨指在与豆秆、豆荚高速碰撞中减震、回弹，其一是减少豆荚破损率，其二是不利于梳齿断裂。梳刷拨指按均匀无漏梳刷原则，梳刷拨指分布按如下设计布置。

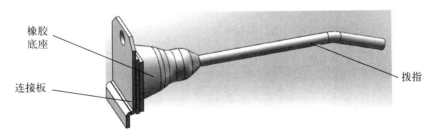

图 5-5　梳刷拨指结构

均匀梳刷即滚筒各梳刷拨齿对喂入植株豆荚颗粒单元的位置应该是等间距、均布的，对豆荚颗粒单元从喂入到脱荚时间段内撞击次数、频率应是均匀的。

梳齿间距等于或小于豆荚颗粒单元最小直径时，才能够达到脱净及分离。梳刷间距过大、过小、分布不均匀易形成单区域漏刷或部分区域重复梳刷。当梳距 P 为最佳梳距时，各齿均匀梳刷，如图 5-6 所示；当梳距 P 布置不均匀时，各齿各区域难以均匀梳刷，如图 5-7 所示；当梳距 P 布置过密时，各齿各区域难以均匀梳刷，如图 5-8 所示。

如果鲜食大豆株系进入滚筒，梳刷的位置不均匀，则前后弹性拨齿对鲜食大豆株系豆荚颗粒单元同一位置重复多次梳刷，存在如下缺点：

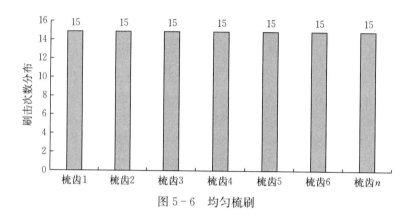

图 5 - 6　均匀梳刷

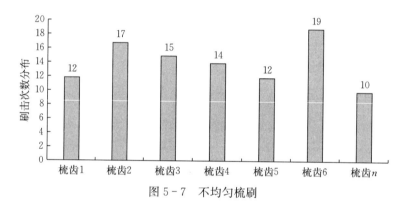

图 5 - 7　不均匀梳刷

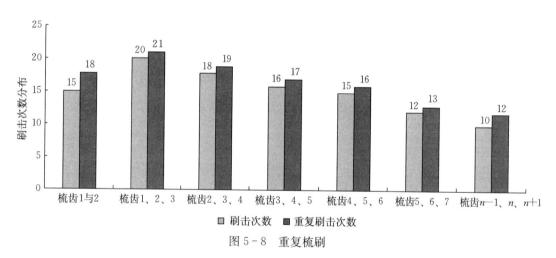

图 5 - 8　重复梳刷

（1）在重复梳刷处，豆荚、茎秆、茎叶被多次打击，导致豆荚破损率增加与梳刷物料颗粒单元含杂率变大。

（2）在弹性拨齿梳刷稀疏处或间断处，由于豆荚颗粒单元梳刷力度不够，引起漏采率上升等问题。

当滚筒以转速 $N(r/min)$ 旋转一周，其梳刷方向为 y 坐标，机具前进过程中鲜食大

豆植株以速度 v(m/s) 移动一段距离（梳节）为 C，其喂料方向定义为 y 坐标，整机梳刷幅宽距离（梳距）为 B，其幅宽方向定义为 x 坐标，那么以梳刷幅宽距离（梳距）B 为 x 坐标及梳节 C 为 y 坐标的植株喂进滚筒，其梳齿轨迹分布面恰好覆盖了整个滚筒展开面（图 5 - 9），其梳齿布局与植株梳刷喂料如图 5 - 10 所示，其设计过程应满足如下条件：

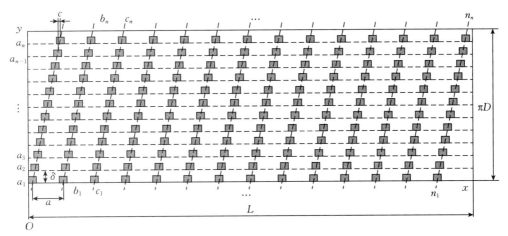

图 5 - 9　滚筒展开示意

（1）如图 5 - 10 所示，滚筒旋转一圈后弹性拨指应满足极限条件下豆荚颗粒最短半径 b 上宽度区域有至少一次梳刷且整体梳刷为均匀的，保证喂入鲜食大豆植株所有豆荚颗粒单元无漏刷。

（2）弹性拨指对豆荚颗粒单元梳刷线速度应保证豆荚颗粒单元不破损，且与机具行走速度匹配。

如图 5 - 9 所示，将滚筒横向轴径中心线方向视为 x 轴方向，将机具前进方向视为 y 轴方向，L 为整机幅宽，a 为横向（法向）梳齿间距，以滚筒轴端方向为视图，顺时针旋转向弹性拨指一圈的分布为 a_1，a_2，a_3，…，a_n。以滚筒横向俯视方向为视图，弹性拨指依次为 a_1，b_1，c_1，…，n_1；b_1 圈弹性拨指的分布为 b_1，b_2，b_3，…，b_n；c_1 圈弹性拨指的分布为 c_1，c_2，c_3，…，c_n；以此类推，n_1

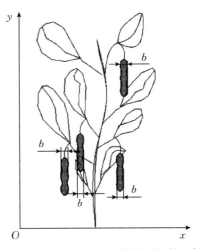

图 5 - 10　梳齿布局与植株梳刷喂料示意

圈弹性拨指的分布为 n_1，n_2，n_3，…，n_n。c 为纵向（切向）梳齿间距，πD 为滚筒旋转一圈周长，D 为滚筒半径，L 为滚筒长度，即收获幅宽。

若在滚筒圆周 a 上均匀布置 n 个弹性拨指，n 表示矩阵排列的行数。弹性拨指为 a_1，a_2，a_3，…，a_n，相邻两弹性拨指的弧长：

$$\overset{\frown}{a_1a_2}=\overset{\frown}{a_2a_3}=\cdots=\overset{\frown}{a_{n-1}a_n}=\overset{\frown}{a_na_1}=\frac{\pi D}{n} \tag{5-21}$$

同理，滚筒圆周 b，c，$\cdots$，n 上均匀布置 $(n-1) \times n$ 个弹性拨指，n 表示矩阵排列的行数，$n-1$ 表示矩阵排列的列数。弹性拨指为 b_1，b_2，b_3，$\cdots$，b_n；c_1，c_2，c_3，$\cdots$，c_n；$\cdots$；n_1，n_2，n_3，$\cdots$，n_n 相邻两弹性拨指的弧长：

$$\overset{\frown}{b_1 b_2} = \overset{\frown}{b_2 b_3} = \cdots = \overset{\frown}{b_{n-1} b_n} = \overset{\frown}{b_n b_1} = \frac{\pi D}{n} \qquad (5-22)$$

$$\overset{\frown}{c_1 c_2} = \overset{\frown}{c_2 c_3} = \cdots = \overset{\frown}{c_{n-1} c_n} = \overset{\frown}{c_n c_1} = \frac{\pi D}{n} \qquad (5-23)$$

$$\vdots$$

$$\overset{\frown}{n_1 n_2} = \overset{\frown}{n_2 n_3} = \cdots = \overset{\frown}{n_{n-1} n_n} = \overset{\frown}{n_n n_1} = \frac{\pi D}{n} \qquad (5-24)$$

机具前进中，鲜食大豆植株以弹性拨指 a_1，b_1，c_1，$\cdots$，n_1 开始梳刷鲜食大豆植株作为坐标起点。故而有滚筒旋转中 $\overset{\frown}{a_1 a_2}$ 长度内机具前进方向、梳刷次数有如下关系：

$$\overset{\frown}{a_1 a_2} = \overset{\frown}{a_2 a_3} = \cdots \cdots = \overset{\frown}{a_{n-1} a_n} = \overset{\frown}{a_n a_1} = \frac{nN}{60vK} \qquad (5-25)$$

式中：v——机具前进速度，m/s；

n——矩阵排列的行数，即滚筒旋转一圈内弹性拨指个数；

K——$\overset{\frown}{a_1 a_2}$，$\overset{\frown}{a_2 a_3}$，$\cdots$，$\overset{\frown}{a_{n-1} a_n}$ 长度内鲜食大豆植株梳刷次数；

N——滚筒转速，r/min。

上述为均匀梳刷布置，实际工程中梳刷存在一定的差异，受植株形状、路面条件等因素影响难以完全均匀梳刷。以植株喂入方向（y 坐标）在滚筒纵向上两个相邻弹性拨指间的实际梳刷距离称为梳距（δ）。

若滚筒上有弹性拨指 a_1，a_2，a_3，$\cdots$，a_n；b_1，b_2，b_3，$\cdots$，b_n；c_1，c_2，c_3，$\cdots$，c_n；$\cdots$；n_1，n_2，n_3，$\cdots$，n_n。以 a_1，a_2，a_3，$\cdots$，a_n 轨迹为例，$\overset{\frown}{a_1 a_2} = \overset{\frown}{a_2 a_3} = \cdots = \overset{\frown}{a_{n-1} a_n}$ 其真实梳值由小到大分别为 e_1，e_2，e_3，$\cdots$，e_n，那么有：

$$\delta_1 = e_1，\quad \delta_2 = e_2 - e_1，\quad \cdots，\quad \delta_n = e_n - e_{n-1} \qquad (5-26)$$

如果各梳距均相等，即 $\delta_1 = \delta_2 = \cdots = \delta_n$，那么弹性拨指在鲜食大豆植株上的梳距是均匀分布的，属于均匀梳刷。反之，如果各梳距大小不一，即为不均匀梳刷。

为判断其梳刷不均匀程度，运用数理统计进行计算：

梳值平均值 $$\overline{x} = \frac{1}{n} \sum_{i=1}^{n} \delta_i \qquad (5-27)$$

梳值标准差 $$\sigma_{n-1} = \sqrt{\frac{1}{n-1} \sum_{i=1}^{n} (\delta_i - \overline{x})^2} \qquad (5-28)$$

梳值变异系数 $$C \cdot v = \frac{\sigma_{n-1}}{\overline{x}} \qquad (5-29)$$

再布置第二个圆周 b 上的弹性拨指 b_1，b_2，b_3，$\cdots$，b_n，让第二个圆周 b 上各弹性拨指在圆周位置与第一个圆周 a 上各弹性拨指相对应。同理第三个圆周 c 上，至第 n 个圆周 n 上，其间距为 c，有如下关系：

$$\overline{a_1 b_1} = \overline{b_1 c_1} = \cdots = \overline{m_1 n_1} = c \qquad (5-30)$$

$$\overline{a_2 b_2}=\overline{b_2 c_2}=\cdots=\overline{m_2 n_2}=c \qquad (5-31)$$

$$\vdots$$

$$\overline{a_n b_n}=\overline{b_n c_n}=\cdots=\overline{m_n n_n}=c \qquad (5-32)$$

滚筒旋转一圈后弹性拨指应满足极限条件下豆荚颗粒最短半径 b 上宽度区域有至少一次梳刷且整体梳刷为均匀的，保证喂入鲜食大豆植株所有豆荚颗粒单元无漏刷，故有如下关系存在：

$$\frac{\overline{a_1 b_1}}{n}=\frac{\overline{b_1 c_1}}{n}=\cdots=\frac{\overline{m_1 n_1}}{n}=\frac{c}{n}\leqslant b \qquad (5-33)$$

$$\frac{\overline{a_2 b_2}}{n}=\frac{\overline{b_2 c_2}}{n}=\cdots=\frac{\overline{m_2 n_2}}{n}=\frac{c}{n}\leqslant b \qquad (5-34)$$

$$\vdots$$

$$\frac{\overline{a_n b_n}}{n}=\frac{\overline{b_n c_n}}{n}=\cdots=\frac{\overline{m_n n_n}}{n}=\frac{c}{n}\leqslant b \qquad (5-35)$$

5.4.3　梳刷滚筒设计

鲜食大豆种植农艺方式较多，有一垄三行、一垄二行、一垄一行、一垄二行套种、一垄一行套种等方式。规模化种植，提倡适当密植，行距 40 cm、株距 12 cm，每穴 1 株，密度为 14 667～16 667 株/亩，且多为一垄三行种植，如图 5-11 所示，垄宽 1.5 m 左右。综合考虑种植农艺条件、国内农户种植规模、机具售价与推广应用，整机幅宽设计为 1.6 m。

脱荚装置是鲜食大豆作物脱荚作业的一个核心工作部件，性能目标要求较多，荚-柄分离是鲜食大豆脱荚的核心关键问题，滚筒弹性拨指最优梳刷线速度才能低损伤连续无漏脱荚。

应用理论力学的碰撞原理，考虑主要因素，忽略次要因素，把弹性拨指和

图 5-11　一垄三行种植模式

豆荚假设为球体碰撞进行力学分析。豆荚中的短径 b 代表 M 球体的直径，弹性拨指直径 d 代表 N 球体的直径，如图 5-12 所示。

图 5-12a 表示 M、N 两球的正碰撞，设 M、N 两球重量分别为 m_2 与 m_1，碰撞前的速度分别为 v_1 与 v_2，碰撞后的速度分别为 u_1 与 u_2。由理论力学可知：

$$u_1=v_1-(1+k)\frac{m_2}{m_1+m_2}(v_1-v_2) \qquad (5-36)$$

$$u_2=v_2-(1+k)\frac{m_2}{m_1+m_2}(v_2-v_1) \qquad (5-37)$$

式中：k——弹性系数。

收获前豆荚速度 $v_2=0$，忽略豆荚 M 球的重量 m_2，可得：$m_1+m_2\approx m_1$，可简化弹性

拨指碰撞前后速度不变，即 $u_1 = v_1$，因此可求得：$u_2 = (1+k) v_1$，理想状况下，弹性拨指对豆荚梳刷脱荚后，弹性拨指仍然是以 v_1 速度运动，而豆荚却获得了 $(1+k)v_1$ 的速度。

图 5-12b 表示 M、N 两球的非正碰撞。当 N 球以速度 v_1 的方向与 O_1O_2 存在一定碰撞角度，其碰撞偏角 $\partial \neq 0$ 时，豆荚与弹指发生非正碰撞。豆荚冲量 $\boldsymbol{S}$ 可分解为沿公法线 $\boldsymbol{A}_n$ 的分量 $\boldsymbol{S}_n$ 和切线 $\boldsymbol{A}_\tau$ 的分量 $\boldsymbol{S}_\tau$ 满足式（5-38）所示。

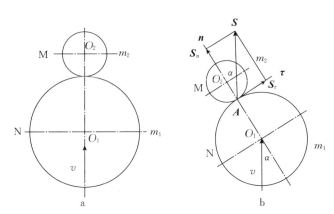

图 5-12　豆荚与弹性拨指碰撞简化模型
a. 正碰撞　b. 非正碰撞

$$\boldsymbol{S}_n + \boldsymbol{S}_\tau = \boldsymbol{S}$$

$$(5-38)$$

切线 $\boldsymbol{A}_\tau$ 的分量冲量 $\boldsymbol{S}_\tau$ 是使 M 球即豆荚产生一个绕 O_2 转动的动量矩，豆荚梳刷脱荚实质为弹性拨指对豆荚碰撞后，产生瞬间加速力大于荚-柄结合力，豆荚形成脱离。冲量 $\boldsymbol{S}_n$ 则是使两球产生如上所述的正碰撞，只不过其碰撞前的速度 v_1 是 v 的分速度，即：

$$v_1 = v \cdot \cos\alpha = \frac{\pi DN}{60} \cdot \cos\alpha \qquad (5-39)$$

豆荚梳刷碰撞后转速 u_2 为：

$$u_2 = (1+k) \cdot \cos\alpha \cdot v \qquad (5-40)$$

假设弹性拨指梳刷脱荚的临界速度为 v_0，则：

$$v_0 = (1+k) \cdot \cos\alpha \cdot v \qquad (5-41)$$

则有：

$$v = \frac{1}{(1+k) \cdot \cos\alpha} \cdot v_0 \qquad (5-42)$$

$$N = \frac{v_0}{(1+k) \cdot \cos\alpha} \cdot \frac{60}{\pi D} \qquad (5-43)$$

若 $\alpha = 0$ 即为正碰撞：

$$v = \frac{1}{(1+k)} \cdot v_0 \qquad (5-44)$$

$$N = \frac{1}{(1+k)} \cdot \frac{60}{\pi D} \qquad (5-45)$$

上面是脱荚滚筒能够脱下豆荚的最小切线速度和转速。然而脱荚滚筒工作时，发生正碰撞与鲜食大豆植株喂入姿态、弹性拨指打击方式等因素有关，发生正碰撞的概率较低，碰撞偏角 α 是随机的以正态分布呈现，多数为存在一定碰撞偏角 α 的非正碰撞方式。理论上 α 角增大，滚筒梳刷齿线速度增加。滚筒转速增加，茎秆、叶片等杂余增加，为后期清选提供了难度。必须选择合理碰撞偏角 α，在滚筒转速尽量低的条件下，保证脱荚率、破损率。

鲜食大豆脱荚滚筒设计可参考稻麦全喂入、半喂入脱粒装置。在全喂入脱粒装置上，作物在滚筒内沿轴向移动是被动的，其碰撞偏角 α 是随机的，α 从 0°到 90°的情况都可能发生，因而合理的梳刷线速度选择很关键。半喂入式收获机，作物为链夹持输送，通过合理确定最佳梳距 P 则能控制碰撞偏角 α 的大小。半喂入式脱粒装置弓齿切线速度约为 10 m/s，却能够脱净。其原因在于夹持链对作物进行夹持输送，谷粒沿轴向左右移动，改变碰撞偏角 α 大小，使谷粒比较容易获得临界速度 v_0，从而快速形成脱粒。

碰撞偏角原则上希望弹性拨指切线速度 v 尽量接近鲜食大豆脱荚临界速度 v_0，理想状况下即有 $v_0 = v$，则有：

$$(1+k) \cdot \cos\alpha = 1 \qquad (5-46)$$

$$\alpha = \arccos^{-1} \frac{1}{1+k} \qquad (5-47)$$

关于脱荚临界速度 v_0 由豆荚脱荚时所获得的脱荚力求出：

$$F = m \cdot a = m \frac{\Delta v}{\Delta t} = m \cdot \frac{v_0}{\Delta t} \qquad (5-48)$$

$$\Delta t = \frac{\pi \cdot N \cdot D}{\sum_{i=1}^{n} \frac{(a_i + b_i)}{i}} \qquad (5-49)$$

根据式（5-48）、式（5-49）可推导出式（5-50），该速度即为滚筒脱荚理想状况下碰击豆荚最小线速度。

$$v_0 = F \frac{\pi \cdot N \cdot D}{m \sum_{i=1}^{n} \frac{(a_i + b_i)}{i}} \qquad (5-50)$$

式中：$\sum_{i=1}^{n} \dfrac{(a_i + b_i)}{i}$ ——弹性拨指脱荚与豆荚碰撞接触位移，m；

a_i——豆荚颗粒单元短轴长度，m；

b_i——豆荚颗粒单元长轴长度，m；

i——抽样个数，个；

F——豆荚脱荚力，通过万能拉力学测试获取，N；

m——豆荚重量，g；

N——滚筒转速，r/s；

D——滚筒直径，mm。

上述仅为简易受力条件后脱荚理论要求，能在工程应用上提供一定指导。实际脱荚过程较为复杂，实际脱荚线速度等参数主要通过实验获取。以螺杆滚筒脱粒装置为例，小麦与大麦最优脱粒速度为 29~32 m/s，高粱最优脱粒速度为 16~26 m/s，玉米最优脱粒速度为 11.2~13 m/s，大豆最优脱粒速度为 8.7~10.3 m/s[89-94]。农作物脱粒，一般来说，对含水率高、难脱粒的品种，一般选农作物最优脱粒范围内的高速值，对含水率低的品种，一般选农作物最优脱粒范围内的低速值[93-95]。

本文鲜食大豆脱荚最优脱荚线速度由试验获取，设计数据依托前期脱荚性能试验，经试验 18～25 m/s 为鲜食大豆脱荚最优线速度。根据均匀梳刷原则，布置齿距、周径齿数，如图 5-13 所示。

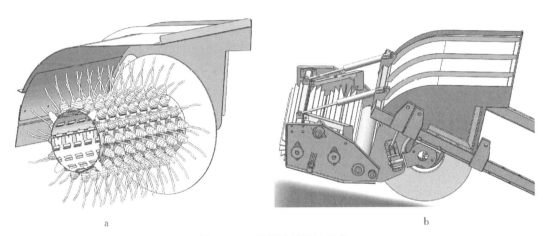

a
b

图 5-13　脱荚滚筒设计示意
a. 脱荚滚筒截面　b. 脱荚滚筒三维模型

5.5　脱荚装置油缸行程设计

脱荚装置采用前置悬挂式设计方案，脱荚滚筒由前后毛刷、压辊、罩壳、滚筒梳刷齿、承重架、压杆轮等组成。由于鲜食大豆品种较多，不同品种株高、豆荚结荚最低离地距离、枝叶与豆荚比等均有一定差异。脱荚滚筒的毛刷、压辊、滚筒梳刷齿有其独立的作用功能，且毛刷、压辊、滚筒离地高度有一定要求与配合。因此，收获时各位置要求能无级调节其位置姿态。如图 5-14 所示，脱荚滚筒位置通过 4 组油缸，油缸 1 为毛刷扶禾总成控制油缸，控制毛刷及压辊位置；油缸 2 为毛刷扶禾总成微调油缸，同时也要控制罩壳与滚筒间距，一般不进行调节；油缸 3 为脱荚滚筒主承重调节油缸，调节滚筒离地间距及承重作用；油缸 4 为脱荚滚筒副承重调节油缸，协同油缸 3 调节滚筒离地间距及承重作用；共 8 个油缸对称布置，控制其位置，脱荚滚筒应满足如下要求：

① 机具非收获状态下于田间道路行走，脱荚滚筒升至高位，如图 5-14 所示。此状态下油缸 1、油缸 3、油缸 4 处于最短行程状态下，油缸 2 处于最长行程状态。

② 机具完成收获作业，液压油缸卸流，脱荚滚筒降至最低位置，如图 5-15 所示。此状态下油缸 1、油缸 3、油缸 4 处于最长行程状态下，油缸 2 处于中间行程状态。

机具收获作业状态下，脱荚滚筒位置如图 5-16 所示。此状态下脱荚滚筒必须满足如下要求：

① 收获状态下，毛刷作用为将鲜食大豆植株顶端枝叶压倒、整形、去叶，固毛刷与地面高度 H 应略低于鲜食大豆植株高度 10～20 cm，鲜食大豆植株不同品型品种，略有差异，高度为 31～85 cm，现有主流品种萧农秋艳、豆通 6 号等收获期植株多数高度一般

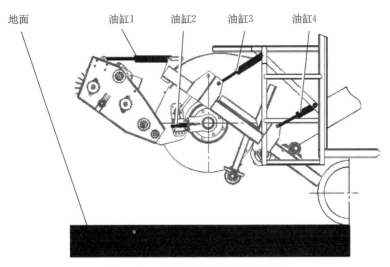

图 5-14　脱荚滚筒最高位置示意

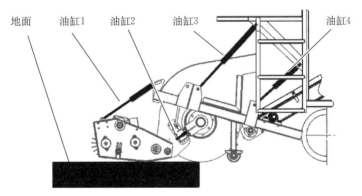

图 5-15　脱荚滚筒最低位置示意

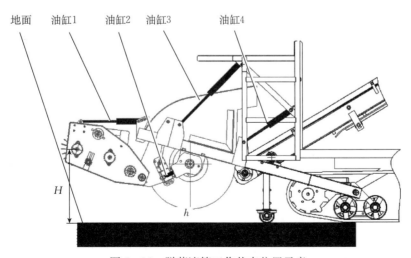

图 5-16　脱荚滚筒工作状态位置示意

为 55 cm 左右，毛刷高度调节油缸必须满足上述条件。

② 收获状态下，滚筒梳刷齿高速旋转与植株豆荚颗粒单元交互作用，脱荚滚筒与地面距离 h 应略低于豆荚最低离地距离 5～8 cm，同时工作中与地面保持一定距离，不与地面接触。因此，豆荚最低结荚高度是影响采摘率的一个较为关键的农艺指标，豆荚结荚高度过低、贴地，脱荚梳齿工作中无法梳刷到，实际中鲜食大豆最低结荚高度一般在 14～18 cm 以上，能满足收获作业要求。

油缸的行程确定采用作图法确定，脱荚滚筒最高位置、最低位置、工作状态分别代表油缸 1～4 的极限位置与中间位置，其行程确定如表 5-8 所示，表中 $L_{1高}$、$L_{2高}$、$L_{3高}$、$L_{4高}$ 分别代表油缸 1～4 在脱荚滚筒如图 5-14 所示的最高位置长度，$L_{1低}$、$L_{2低}$、$L_{3低}$、$L_{4低}$ 分别代表油缸 1～4 在脱荚滚筒如图 5-15 所示的最低位置长度，$L_{1工}$、$L_{2工}$、$L_{3工}$、$L_{4工}$ 分别代表油缸 1～4 在脱荚滚筒如图 5-16 所示的工作状态位置长度。油缸 1～4 的行程调节范围通过极限状态下油缸的长度之差确定，油缸 1 的行程为 -10 cm～[($L_{1低}-L_{1高}$)+10 cm]，即油缸 1 在最短状态下仍能缩短 10 cm，调节范围为 ($L_{1低}-L_{1高}$)+10 cm，即调节范围为 2 个极限状态油缸长度差再增加 10 cm 调节行程；同理，油缸 2～4，以此类推。

表 5-8　脱荚滚筒油缸行程确定

油缸	最高状态	最低状态	工作状态	行程调节范围
油缸 1	$L_{1高}$ 油缸最短状态	$L_{1低}$ 油缸最长状态	$L_{1工}$ 油缸中间状态	-10 cm～[($L_{1低}-L_{1高}$)+10 cm]
油缸 2	$L_{2高}$ 油缸最长状态	$L_{2低}$ 油缸最短状态	$L_{2工}$ 油缸中间状态	-5 cm～[($L_{2高}-L_{2低}$)+5 cm]
油缸 3	$L_{3高}$ 油缸最短状态	$L_{3低}$ 油缸最长状态	$L_{3工}$ 油缸中间状态	-25 cm～[($L_{3低}-L_{3高}$)+25 cm]
油缸 4	$L_{4高}$ 油缸最短状态	$L_{4低}$ 油缸最长状态	$L_{4工}$ 油缸中间状态	-15 cm～[($L_{3低}-L_{3高}$)+15 cm]

粮箱采用后置整体式设计方案，粮箱、叶片风选装置、茎秆-豆荚滚轮清选装置及茎秆-豆荚滚轮清扫装置一体化设计，结构如图 5-17 所示。当鲜食大豆收获机完成收获过程后，举升油缸将粮箱整体举高，举升油缸左右各 1 个；卸粮油箱 1、2 将卸粮板打开，卸粮油箱左右各 1 组。共 6 个油缸控制粮箱卸粮，控制油缸应满足如下要求：

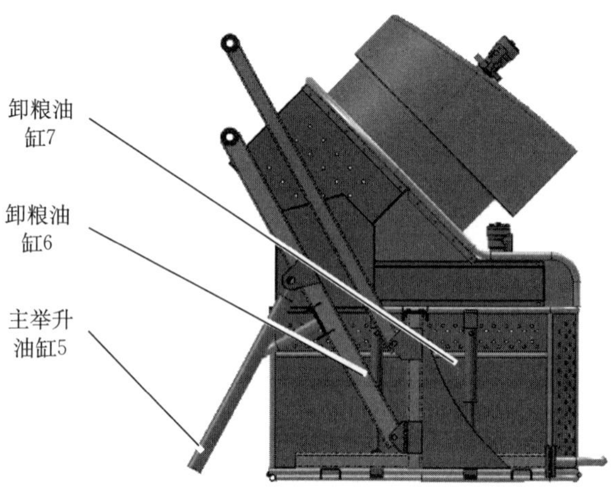

举升油缸能将粮箱整体举高不低于 1.8 m，卸粮油缸能将卸粮板 90°打开。

油缸的行程采用作图法确定，粮

箱最高位置、最低位置，其行程确定如表 5-9 所示，表中 $L_{5高}$、$L_{6高}$、$L_{7高}$ 分别代表油缸 5～7 在粮箱如图 5-18 所示的最高位置长度，$L_{5低}$、$L_{6低}$、$L_{7低}$ 分别代表油缸 5～7 在粮箱

图 5-17　粮箱结构

卸粮油缸7
卸粮油缸6
主举升油缸5

如图 5-19 所示的最低位置长度。油缸 5~7 的行程调节范围通过极限状态下油缸的长度之差确定，油缸 5 的行程为 $-10\ \text{cm}\sim[(L_{5高}-L_{5低})+30\ \text{cm}]$，即调节范围为粮箱最低极限状态再缩短10 cm，粮箱最高极限状态再加长 30 cm。油缸 6、油缸 7 的行程分别为 $-5\ \text{cm}\sim[(L_{6开}-L_{6关})+10\ \text{cm}]$，$-5\ \text{cm}\sim[(L_{7开}-L_{7关})+10\ \text{cm}]$，油缸 6 与油缸 7 为同步状态，即 $L_{6开}=L_{7开}$，$L_{6关}=L_{7关}$，即油缸 6、油缸 7 在卸粮门关闭状态下仍能缩短 5 cm，调节范围为粮箱卸粮门 90°打开状态再能加长 10 cm，油缸具体参数如表 5-9 所示。

表 5-9　粮箱油缸行程确定

油缸	最高状态	最低状态	行程调节范围
油缸 5	$L_{5高}$ 油缸最长状态	$L_{5低}$ 油缸最短状态	$-10\ \text{cm}\sim[(L_{5高}-L_{5低})+30\ \text{cm}]$
油缸 6	$L_{6开}$ 卸粮门 90°打开油缸最长状态	$L_{6关}$ 卸粮门关闭油缸最短状态	$-5\ \text{cm}\sim[(L_{6开}-L_{6关})+10\ \text{cm}]$
油缸 7	$L_{7开}$ 卸粮门 90°打开油缸最长状态	$L_{7关}$ 卸粮门关闭油缸最短状态	$-5\ \text{cm}\sim[(L_{7开}-L_{7关})+10\ \text{cm}]$

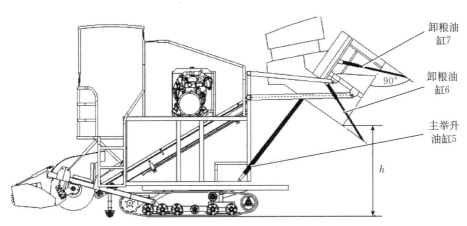

图 5-18　粮箱卸粮示意

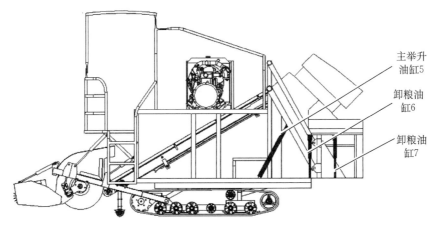

图 5-19　收获状态粮箱示意

5.6 本章小结

（1）本章提出了均匀无漏梳刷脱荚原理，并进一步明晰了豆荚颗粒单元与螺旋梳刷机构交互作用方式，详细说明了鲜食大豆植株经拨禾毛刷一次压倒、滚轮二次压倒后进入脱荚滚筒内，滚筒上弹性拨指插入鲜食大豆茎秧植株豆荚颗粒单元，滚筒高速旋转带动弹性拨指从下往上运动，强制性地将鲜食大豆豆荚从茎秆上梳刷下来的作用原理。

（2）为深入研究鲜食大豆作物荚-柄脱离分离特性，寻求影响分离效果因素的最优组合，设计了立式辊结构鲜食大豆分离试验装置。基于鲜食大豆受碰撞后做变速运动产生惯性力克服鲜食大豆荚-柄连接力实现分离的原理，通过能量守恒定理建立了分离过程的碰撞能量模型，构建了荚-柄分离力学模型，基于此方程进行了定量分析，确定脱荚辊转速、喂料速度、辊间距为主要影响因素，并针对萧农秋艳、豆通6号品种开展试验研究。结果表明：作物品种对脱荚率与破损率影响较小，影响综合指标的主次因素排列顺序为脱荚辊转速、喂料速度、辊间距，最优参数组合为脱荚辊转速600 r/min，辊间距18 mm，喂料速度0.3 m/s，此时脱荚率为99.0%，破损率为2.4%，该试验为滚筒梳刷参数获取提供了指导。

（3）重点进行了均匀无漏梳刷法则与脱荚装置设计，提出了滚筒均匀无漏梳刷法则，根据均匀无漏梳刷最优原则，以脱荚率、漏采率、破损率、含杂率为各子目标，通过试验验证、统计、农户调研确定各子目标权数，建立构成统一目标函数；设计了弹性脱荚梳齿，建立了均匀梳刷理论，并重点论述了脱荚滚筒梳齿分布规律；建立了豆荚与弹性拨指碰撞简化模型，推导了梳刷最小线速度、碰撞角度等状态函数，以其为指导设计了梳刷滚筒脱荚收获台，并进一步确定滚筒提升油缸的行程与油缸选型；针对鲜食大豆种植农艺特性确定整机幅宽。

（4）根据收获工作状态下，脱荚滚筒极限状态位置，利用作图法确定了脱荚滚筒提升油缸组合1~4分布，确定了油缸1为毛刷扶禾总成控制油缸，油缸2为毛刷扶禾总成微调油缸，油缸3为脱荚滚筒主承重调节油缸，油缸4为脱荚滚筒副承重调节油缸等4组油缸调节要求及升缩行程；根据收获机卸粮状态下，粮箱极限位置确定了粮箱举升油缸组合5~7，确定了油缸5为粮箱主举升油缸，油缸6为左卸粮板打开油缸，油缸7为右卸粮板打开油缸等3组油缸调节要求及升缩行程。

第6章 基于 EDEM 理论鲜食大豆脱荚分析与优化

6.1 离散元方法理论

6.1.1 离散元方法的基本原理

1971 年，CUNDALL 提出一种处理非连续介质问题的数值模拟方法——离散元方法（discrete element method，DEM），理论基础是结合不同本构关系（应力-应变关系）的牛顿第二定律[96-97]。在颗粒运动过程中，将每个颗粒看作一个独立单元，在一个时间步长内，根据接触模型由颗粒与颗粒之间或颗粒与壁面之间的相互作用计算出作用力和力矩[98]，再根据牛顿第二定律计算出各颗粒新的加速度、速度及位移等运动参数，更新各颗粒的运动状态并将运动参数代入作用力模型，计算下一时间步长时的作用力和力矩，如此循环计算各颗粒的运动状态，离散单元法求解过程的计算循环如图 6-1 所示。

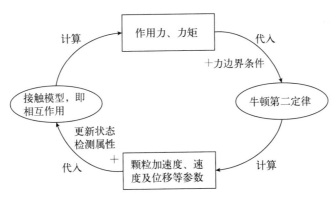

图 6-1 离散元方法计算原理

离散元方法的计算循环中各步骤主要包括两方面的理论：一是接触模型，即将颗粒接触时的重叠量、颗粒物性参数、相应运行速度以及前一个时间步长时的运动参数等计算出一对相互作用力和力矩[99-100]；二是颗粒的加速度、速度及位移等运用牛顿第二定律进行求解。离散单元法假设颗粒为刚性流体，颗粒碰撞时的接触为点接触，在每个时间步长内，颗粒的加速度和速度等参数恒定，并且每个颗粒只与其直接相邻的颗粒相互作用[101-102]。

6.1.2 颗粒接触模型

根据处理问题以及颗粒间碰撞方式的不同，颗粒接触模型分为硬球模型和软球模型[103]。碰撞时颗粒所受压力较小，产生的塑性变形不显著，颗粒间作用后的速度直接给出而不需要计算接触作用力。软球模型模拟颗粒间同时的持续碰撞，在颗粒碰撞点处产生重叠部分，根据碰撞时产生的重叠量计算出颗粒发生碰撞时的作用力和力矩。

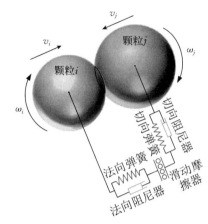

图 6-2　颗粒碰撞时作用力模型

EDEM 计算时采用软球接触模型，颗粒之间碰撞时作用力模型如图 6-2 所示，阻尼器代表阻尼力，弹簧代表接触力，如果切向力超过屈服值，两颗粒在法向力和摩擦力作用下由滑动摩擦器实现滑动。接触模型中颗粒间的接触作用力和力矩计算如下：

（1）颗粒间的法向接触力 $\boldsymbol{F}_{cn,ij}$。

$$\boldsymbol{F}_{cn,ij} = -k_n \delta_{n,ij}^{3/2} \boldsymbol{n} \tag{6-1}$$

式中：k_n——法向弹性系数，N/m；

　　　$\delta_{n,ij}$——法向重叠量，m；

　　　$\boldsymbol{n}$——颗粒球心间的法向单位矢量。

（2）颗粒间的法向阻尼力 $\boldsymbol{F}_{dn,ij}$。

$$\boldsymbol{F}_{dn,ij} = -\eta_n \boldsymbol{v}_{n,ij} \tag{6-2}$$

式中：η_n——法向阻尼系数，N/(m/s)；

　　　$\boldsymbol{v}_{n,ij}$——相对速度的法向分量，m/s。

（3）颗粒间的切向接触力 $\boldsymbol{F}_{c\tau,ij}$。

$$\boldsymbol{F}_{c\tau,ij} = -k_\tau \delta_{\tau,ij} \boldsymbol{\tau} \tag{6-3}$$

式中：k_τ——切向弹性系数，N/m；

　　　$\delta_{\tau,ij}$——切向重叠量，m；

　　　$\boldsymbol{\tau}$——切向单位矢量。

（4）颗粒间的切向阻尼力 $\boldsymbol{F}_{d\tau,ij}$。

$$\boldsymbol{F}_{d\tau,ij} = -\eta_\tau \boldsymbol{v}_{\tau,ij} \tag{6-4}$$

式中：η_τ——切向阻尼系数，N/(m/s)；

　　　$\boldsymbol{v}_{\tau,ij}$——相对速度的切向分量，m/s。

（5）切向转矩 $\boldsymbol{M}_{\tau,ij}$。

$$\boldsymbol{M}_{\tau,ij} = \boldsymbol{R}_{ij} \times (\boldsymbol{F}_{c\tau,ij} + \boldsymbol{F}_{d\tau,ij}) \tag{6-5}$$

如果 $\boldsymbol{F}_{c\tau,ij} + \boldsymbol{F}_{d\tau,ij} > \mu_{r,ij} |\boldsymbol{F}_{cn,ij}|$，则 $\boldsymbol{F}_{c\tau,ij} + \boldsymbol{F}_{d\tau,ij} = -\mu_{r,ij} |\boldsymbol{F}_{cn,ij}| \boldsymbol{\tau}$。

（6）滚动摩擦转矩 $\boldsymbol{M}_{r,ij}$。

$$\boldsymbol{M}_{r,ij} = -\mu_{r,ij} |\boldsymbol{F}_{cn,ij}| \boldsymbol{\omega}_{\tau,ij} / |\boldsymbol{\omega}_{\tau,ij}| \tag{6-6}$$

式中：$\mu_{r,ij}$——滚动摩擦系数；

　　　$\boldsymbol{F}_{cn,ij}$——颗粒法向接触力；

　　　$\boldsymbol{\omega}_{\tau,ij}$——切向角速度。

6.1.3　颗粒运动方程

在本仿真过程中，不考虑颗粒与颗粒之间以及颗粒与壁面之间的接触黏结，颗粒与颗粒之间以及颗粒与壁面之间的作用力和作用力矩使颗粒产生运动[104-105]，由牛顿第二定律，颗粒 i 与颗粒 j 运动的控制方程为：

$$m_i \frac{\mathrm{d}\boldsymbol{v}_i}{\mathrm{d}t} = \sum_{j=1}^{k} (\boldsymbol{F}_{cn,ij} + \boldsymbol{F}_{dn,ij} + \boldsymbol{F}_{c\tau,ij} + \boldsymbol{F}_{d\tau,ij}) + m_i \boldsymbol{g} \qquad (6-7)$$

$$I_i \frac{\mathrm{d}\boldsymbol{\omega}_i}{\mathrm{d}t} = \sum_{j=1}^{k} (\boldsymbol{M}_{\tau,ij} + \boldsymbol{M}_{r,ij}) \qquad (6-8)$$

式中：m_i——颗粒 i 的重量，m；

I_i——转动惯量，kg·m²；

$\boldsymbol{v}_i$——线速度，m/s；

$\boldsymbol{\omega}_i$——转动速度，rad/s；

$m_i \boldsymbol{g}$——重力，N；

t——时间，s

$\boldsymbol{F}_{cn,ij}$——法向接触力，N；

$\boldsymbol{F}_{dn,ij}$——法向阻尼力，N；

$\boldsymbol{F}_{c\tau,ij}$——切向接触力，N；

$\boldsymbol{F}_{d\tau,ij}$——切向阻尼力，N；

$\boldsymbol{M}_{\tau,ij}$——切向转矩，N·m；

$\boldsymbol{M}_{r,ij}$——滚动摩擦转矩，N·m。

根据接触模型，求出颗粒 i 碰撞时所受的作用力和力矩，再加上颗粒 i 的力边界条件（$m_i g$ 等），对式（6-7）和式（6-8）采用中心差分法进行数值积分，得到以两次迭代时间步长的中间点表示更新的速度：

$$\left(\frac{\mathrm{d}\boldsymbol{u}_i}{\mathrm{d}t}\right)_{N+\frac{1}{2}} = \left(\frac{\mathrm{d}\boldsymbol{u}_i}{\mathrm{d}t}\right)_{N-\frac{1}{2}} + \Delta t \left[\sum_{j=1}^{k} (\boldsymbol{F}_{cn,ij} + \boldsymbol{F}_{dn,ij} + \boldsymbol{F}_{c\tau,ij} + \boldsymbol{F}_{d\tau,ij}) / m_i + \boldsymbol{g}\right]_N$$

$$(6-16)$$

$$\left(\frac{\mathrm{d}\boldsymbol{\theta}_i}{\mathrm{d}t}\right)_{N+\frac{1}{2}} = \left(\frac{\mathrm{d}\boldsymbol{\theta}_i}{\mathrm{d}t}\right)_{N-\frac{1}{2}} + \Delta t \left[\sum_{j=1}^{k} (\boldsymbol{M}_{\tau,ij} + \boldsymbol{M}_{r,ij}) / I_i\right]_N \qquad (6-17)$$

式中：$\boldsymbol{u}_i$——平动位移，m；

$\boldsymbol{\theta}_i$——转动位移，m；

Δt——时间步长，s；

N——对应时间 t，s；

m_i——颗粒 i 的重量，g。

对式（6-16）和式（6-17）进行积分得到位移的关系式：

$$(\boldsymbol{u}_i)_{N+1} = (\boldsymbol{u}_i)_N + \Delta t \left(\frac{\mathrm{d}\boldsymbol{u}_i}{\mathrm{d}t}\right)_{N+\frac{1}{2}} \qquad (6-11)$$

$$(\boldsymbol{\theta}_i)_{N+1} = (\boldsymbol{\theta}_i)_N + \Delta t \left(\frac{\mathrm{d}\boldsymbol{\theta}_i}{\mathrm{d}t}\right)_{N+\frac{1}{2}} \qquad (6-12)$$

根据上述方程得到时间为 $(t+\Delta t)$ 时颗粒 i 的加速度、速度及位移等，代入接触模型，更新颗粒的运动状态并计算下一时刻的力矩和力，循环得到任意时刻各颗粒的宏观运动。

6.2 豆荚、茎秆、叶片颗粒模型建立

收获时，鲜食大豆植株经滚筒梳齿梳刷后，植株主茎秆留于田间，豆荚、侧次茎秆、叶片经梳刷齿梳刷作用与主茎秆形成分离，滚筒由豆荚、茎秆、叶片等颗粒单元组成，其实质是滚筒梳齿与物料颗粒单元连续交互作用的收获问题。

6.2.1 豆荚颗粒模型建模及边界条件设置

鲜食大豆豆荚以二粒豆荚、三粒豆荚为主，为了刻画豆荚颗粒的形状，将多个不同粒径的单球形颗粒填充成三粒豆荚和二粒豆荚两种形状[106-109]，分别如图 6-3 和图 6-4 所示。其中三粒豆荚颗粒的外接长方体尺寸为 0.012 m×0.012 m×0.059 8 m，二粒豆荚颗粒的外接长方体尺寸为 0.012 m×0.012 m×0.039 6 m。

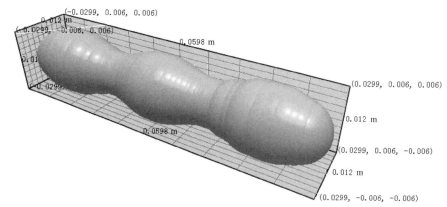

图 6-3　三粒豆荚颗粒形状示意

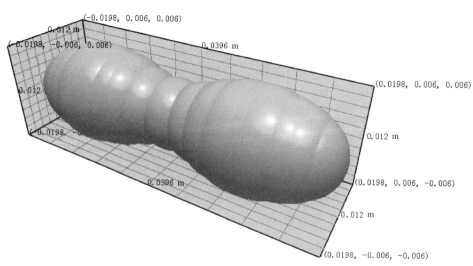

图 6-4　二粒豆荚颗粒形状示意

6.2.2　茎秆颗粒模型建模及边界条件设置

收获中脱荚滚筒内茎秆颗粒单元为鲜食大豆植株侧次茎秆，为了刻画茎秆颗粒的形状，将茎秆由多个不同粒径的单球形颗粒填充成圆柱状，如图 6-5 所示，茎秆颗粒的外接长方体尺寸为 0.007 6 m×0.007 6 m×0.053 6 m。

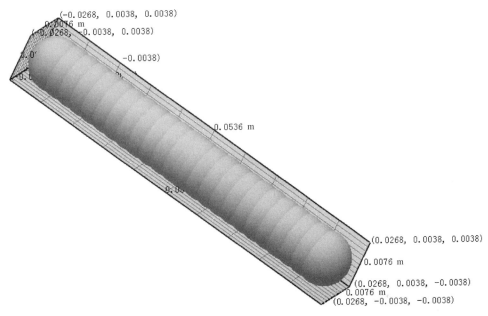

图 6-5　茎秆颗粒形状示意

6.2.3　叶片颗粒模型建模及边界条件设置

收获中脱荚滚筒内茎秆颗粒单元为鲜食大豆植株叶片，为了刻画叶片颗粒的形状，将多个不同粒径的单球形颗粒填充，如图 6-6 所示，叶片颗粒的外接长方体尺寸为 0.002 m×0.025 m×0.029 m。

计算过程中，豆荚颗粒、茎秆颗粒和叶片颗粒的物性参数根据植株力学性能测试及参考农业物料特性设置，如表 6-1 所示。

表 6-1　计算所用颗粒物性参数

颗粒名称	泊松比	剪切模量/MPa	密度/(kg/m³)	碰撞恢复系数	静摩擦系数
豆荚	0.38	$1.5×10^8$	750	0.25	0.35
茎秆	0.35	$1.1×10^8$	550	0.18	0.35
叶片	0.30	$5×10^7$	200	0.11	0.43

收获中脱荚质量与滚筒转速、收获机行走速度、植株产量均存在一定关系。颗粒工厂设置如表 6-2 所示。为了表征豆荚收获过程，在图 6-7c 中颗粒生成速率分别为 200 个/s、

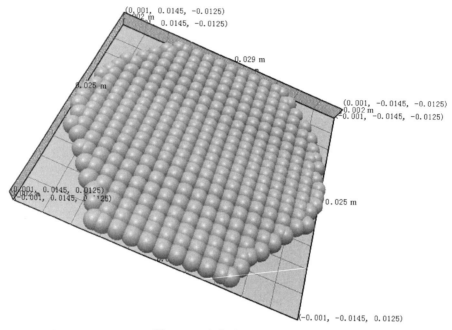

图 6-6　叶片颗粒形状示意

300 个/s 和 500 个/s，二粒豆荚颗粒、三粒豆荚颗粒单元、茎秆颗粒和叶片颗粒的重量百分比为 35%、35%、15% 和 15%，机器转速也分别为 200 r/min、300 r/min 和 500 r/min。将颗粒生成速率和机器转速自由组合，分析颗粒生成速率和机器转速对脱荚性能的影响[110-113]。

表 6-2　颗粒工厂设置

颗粒名称	比例	生成速度/(个/s)	梳齿转速/(r/min)
二粒/三粒豆荚	35%/35%	200	200/300/500
茎秆	15%	300	200/300/500
叶片	15%	500	200/300/500

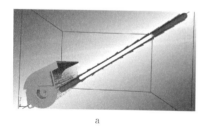
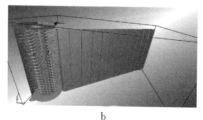
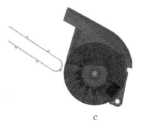

a　　　　　　　　　　　　b　　　　　　　　　c

图 6-7　脱荚滚筒三维几何模型及颗粒工厂

a. 脱荚滚筒三维几何模型侧视图　b. 脱荚滚筒三维几何模型　c. 颗粒工厂

6.3   基于 EDEM 脱荚性能分析

反映鲜食大豆脱荚性能的指标主要有豆荚颗粒落地损失率、豆荚破损率、轴向分布曲线、千瓦小时生产率等。其中豆荚颗粒落地损失率、豆荚破损率直接影响到脱荚滚筒的工作性能，它在鲜食大豆收获过程中是重要的衡量指标。豆荚颗粒落地损失率、豆荚破损率在脱荚过程中受到诸多因素的影响，包括鲜食大豆含水率、脱荚梳齿滚筒的转速、梳齿的形状、梳齿分布规律等。因此利用 EDEM 技术对滚筒梳齿与作物物料颗粒单元连续交互碰撞作用的分析的研究，对鲜食大豆整机设计具有非常重要的意义[114-116]。

本章以一种鲜食大豆脱荚滚筒为研究对象，通过模拟收获机实际收获作业工况中的组合因素对比，分析不同时刻豆荚颗粒分布图、滚筒脱落数量随时间变化曲线图、颗粒受力分布曲线、颗粒速度云图等，对收获过程中脱荚筒鲜食大豆颗粒单元有更深层次的认识，利于整机设计与定型，通过对仿真结果与后期田间试验结果的对比，初步验证了采用离散元方法研究鲜食大豆脱荚过程的可行性，为鲜食大豆脱荚过程分析和鲜食大豆收获机的优化设计建立了一种新方法。

6.3.1   滚筒转速 200 r/min 脱荚性能分析

实际收获中，滚筒转速 200 r/min 为最低速收获状态，颗粒生成速率代表鲜食大豆植株产量，收获机收获行走速度。分析中滚筒转速与颗粒生成速率结合与收获机实际工作工况紧密相关。将滚筒转速设置为 200 r/min，分别研究颗粒生成速率为 200 个/s、300 个/s 和 500 个/s 对脱荚性能的影响。

图 6 - 8 至图 6 - 10 分别代表 200 r/min＋200 个/s 不同时刻豆荚等物料颗粒分布图、200 r/min＋300 个/s 不同时刻豆荚等物料颗粒分布图、200 r/min＋500 个/s 不同时刻豆荚等物料颗粒分布图，分别截图分析 0.5～4 s 内 8 张颗粒单元分布状况图片。分析显示：滚筒梳齿 200 r/min 时，200 个/s、300 个/s、500 个/s 颗粒生成速度条件下，豆荚等物料颗粒单元受滚筒梳齿撞击作用后，沿滚筒内壁以抛物线均匀抛向物料输送带，物料颗粒单元存在掉落现象，整体效果能满足脱荚作业要求，分析证明梳齿布置是合理的，滚筒梳刷方式是一种高效解决鲜食大豆不对行连续收获的方式。

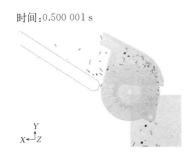

时间:0.500 001 s

时间:1 s

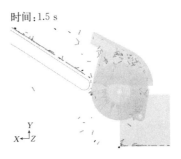

时间:1.5 s

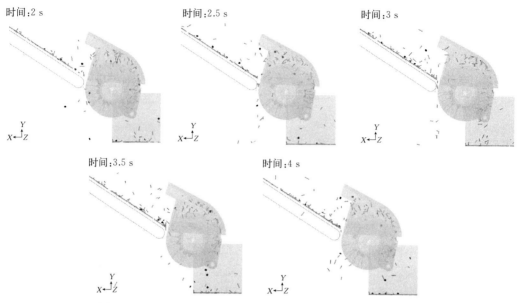

图 6-8　200 r/min+200 个/s 不同时刻豆荚等物料颗粒分布图

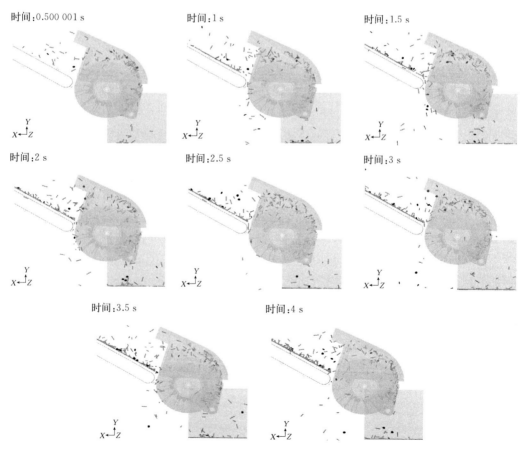

图 6-9　200 r/min+300 个/s 不同时刻豆荚等物料颗粒分布图

时间:0.500 001 s

时间:1 s

时间:1.5 s

时间:2 s

时间:2.5 s

时间:3 s

时间:3.5 s

时间:4 s

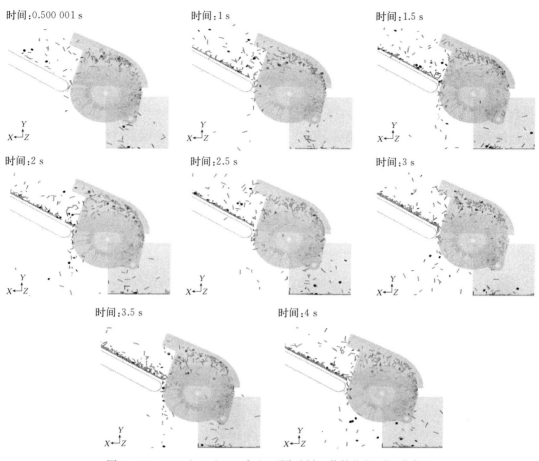

图 6 - 10　200 r/min＋500 个/s 不同时刻豆荚等物料颗粒分布图

物料颗粒单元落地率是鲜食大豆收获过程中一个重要的衡量指标，脱荚后豆荚的落地率为豆荚颗粒单元掉入田间无法收集的比例。图 6 - 11 为脱荚滚筒 200 r/min 状态下豆荚

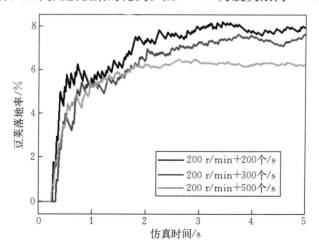

图6 - 11　脱荚滚筒 200 r/min 状态下豆荚落地率随时间变化曲线

颗粒单元落地率随时间变化的曲线图。分析显示：脱荚滚筒 200 r/min 状态下豆荚落地率为 5.7%～8.0%。其中脱荚滚筒 200 r/min，颗粒生成 500 个/s 状态下，豆荚落地率为 5.7%；脱荚滚筒 200 r/min，颗粒生成 300 个/s 状态下，豆荚落地率为 7.0%；脱荚滚筒 200 r/min，颗粒生成 200 个/s 状态下，豆荚落地率为 8.0%。正常状况下，收获机收获过程中，豆荚落地率≤5% 为农户所接受。脱荚滚筒 200 r/min 状态下，豆荚落地率略微显高。

豆荚破损率直接影响到脱荚滚筒的工作性能，它在鲜食大豆收获过程中是一个重要的衡量指标。分析中豆荚破损率以颗粒受脱荚梳齿撞击后承受合力为评判依据，根据前期豆荚破碎试验测试，本章以豆荚物料颗粒受合力≥180 N 为豆荚破损评判依据。图 6 - 12、图 6 - 13 分别为物料颗粒受力云图及物料颗粒受力分布曲线。

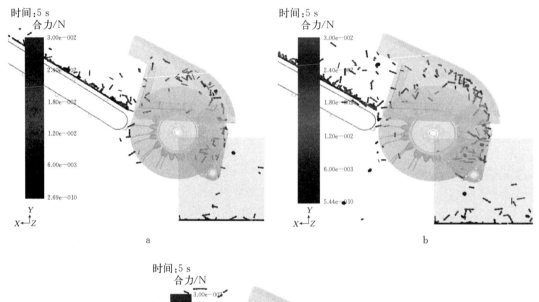

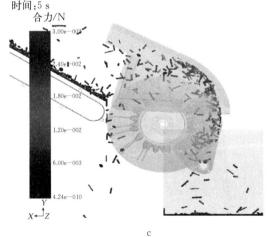

图 6 - 12　200 r/min 物料颗粒受力云图
a. 200 r/min＋200 个/s　b. 200 r/min＋300 个/s　c. 200 r/min＋500 个/s

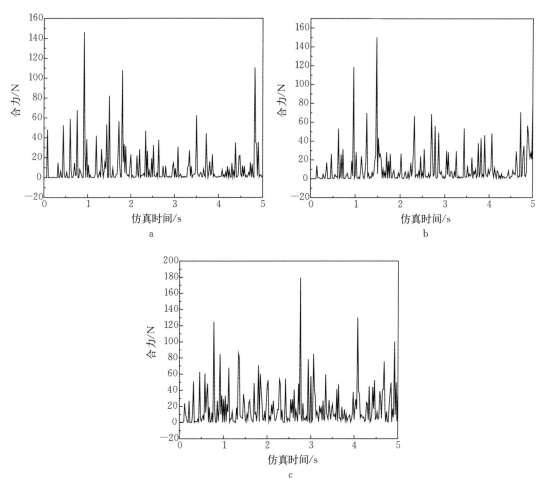

图 6-13　200 r/min 物料颗粒受力分布曲线
a. 200 r/min+200 个/s　b. 200 r/min+300 个/s　c. 200 r/min+500 个/s

　　分析显示：物料颗粒受力云图显示物料颗粒单元正常情况下多数受力为 0.03 N，少数与梳齿存在瞬间撞击颗粒单元承受较大撞击力，为区分显示，本文对物料受力云图进行上限限制显示，分析结果与实际情况符合，物料颗粒单元与脱荚梳齿撞击瞬间承受撞击力。物料颗粒受力分布曲线显示，脱荚滚筒 200 r/min，颗粒生成 200 个/s 状态下，物料颗粒单元受力最大值为 150 N；脱荚滚筒 200 r/min，颗粒生成 300 个/s 状态下，物料颗粒单元受力最大值为 153 N；脱荚滚筒 200 r/min，颗粒生成 500 个/s 状态下，物料颗粒单元受力最大值为 185 N。物料颗粒受力分布曲线显示，颗粒单元受力均集中在 20～70 N 内，可认为脱荚滚筒 200 r/min 状态下，豆荚破损率较低。

　　物料颗粒单元经梳刷脱荚后，物料颗粒单元速度也是评价收获质量的一项重要指标，速度过高易与输送带等撞击抛入田间。实际在试验中，颗粒单元速度低于 5 m/s，豆荚能落入物料输送带，本章以此为评判依据。图 6-14 为物料颗粒速度云图。分析显示：脱荚滚筒 200 r/min，颗粒生成 200 个/s、300 个/s、500 个/s 状态下，颗粒最大速度均在 4.0 m/s

范围内，多数颗粒单元速度集中在 $1.6 \sim 2.4\,\mathrm{m/s}$ 之间。其中滚筒抛料口与滚筒内壁撞击处物料颗粒单元速度最大，物料颗粒单元抛撒速度在合理范围内。

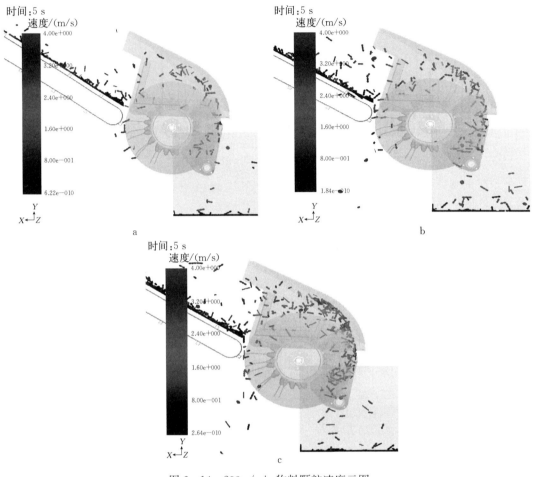

图 6-14 200 r/min 物料颗粒速度云图

a. 200 r/min＋200 个/s b. 200 r/min＋300 个/s c. 200 r/min＋500 个/s

脱荚收获中，物料颗粒单元抛撒轨迹及分布区域也是脱荚质量的一项重要指标。图 6-15、图 6-16、图 6-17 分别为滚筒梳齿 200 r/min 时，200 个/s、300 个/s、500 个/s 颗粒生成速度条件下，颗粒单元运动抛撒轨迹。分析显示：收获中物料颗粒单元呈抛物线有序抛入物料输送带，颗粒单元在输送带 $0.5 \sim 0.8\,\mathrm{m}$ 处区域较集中，滚筒罩壳下部有部分豆荚颗粒单元掉落。分析结果利于流线罩壳优化、输送带侧挡料板优化及

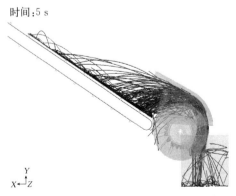

图 6-15 200 r/min＋200 个/s 颗粒流线图

易掉料区域填补。

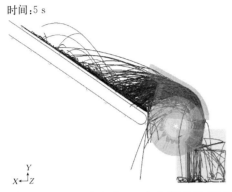

图 6 - 16　200 r/min＋300 个/s 颗粒流线图

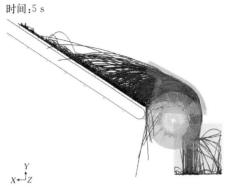

图 6 - 17　200 r/min＋500 个/s 颗粒流线图

6.3.2　滚筒转速 300 r/min 脱荚性能分析

实际收获中，滚筒转速 300 r/min 为最频繁中速收获状态，颗粒生成速率代表鲜食大豆植株产量，收获机收获行走速度。将滚筒转速设置为 300 r/min，分别研究颗粒生成速率为 200 个/s、300 个/s 和 500 个/s 时对脱荚性能的影响。

图 6 - 18、图 6 - 19、图 6 - 20 分别代表 300 r/min＋200 个/s 不同时刻豆荚等物料颗粒的分布、300 r/min＋300 个/s 不同时刻豆荚等物料颗粒的分布、300 r/min＋500 个/s 不同时刻豆荚等物料颗粒的分布，分别截图分析 0.5～4 s 内 8 张颗粒单元分布状况。分析显示：滚筒梳齿 300 r/min 时，200 个/s、300 个/s、500 个/s 颗粒生成速度条件下，豆荚等物料颗粒单元受滚筒梳齿撞击作用后，沿滚筒内壁以抛物线均匀抛向物料输送带，物料颗粒单元存在少量掉落，整体脱荚效果较佳。

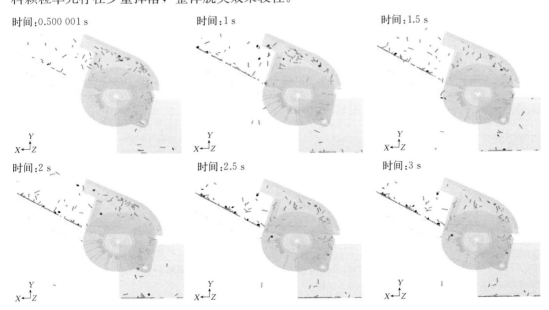

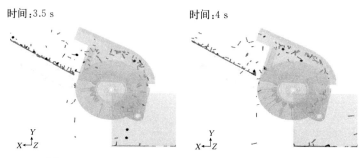

图 6-18　300 r/min＋200 个/s 不同时刻豆荚颗粒分布

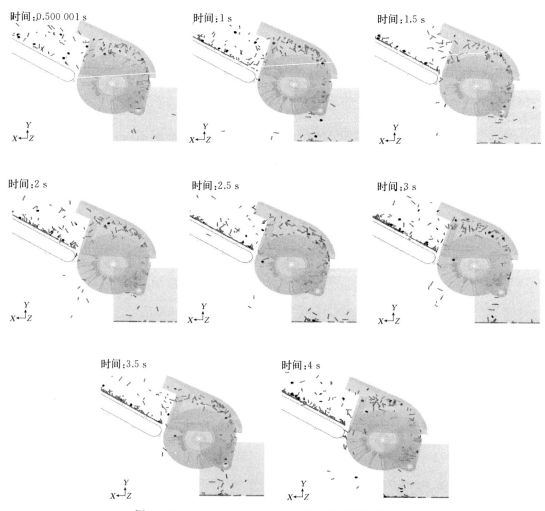

图 6-19　300 r/min＋300 个/s 不同时刻豆荚颗粒分布

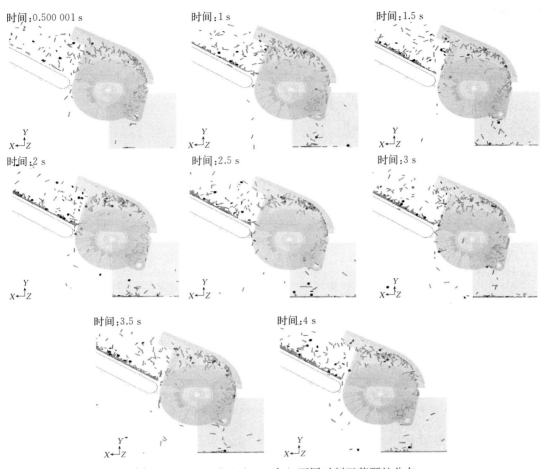

图 6 - 20　300 r/min+500 个/s 不同时刻豆荚颗粒分布

　　图 6 - 21 为脱荚滚筒 300 r/min 状态下豆荚颗粒单元随时间变化的曲线。分析显示：脱荚滚筒 300 r/min 状态下豆荚落地率为 3.8%～5.0%。其中脱荚滚筒 300 r/min，颗粒生成 300 个/s 状态下，豆荚落地率为 5.0%；脱荚滚筒 300 r/min，颗粒生成 500 个/s 状态下，豆荚落地率为 3.8%；脱荚滚筒 300 r/min，颗粒生成 200 个/s 状态下，豆荚落地率为 5.0%。正常状况下，收获机收获过程中，豆荚落地率≤5% 为农户所接受。脱荚滚筒 300 r/min，豆荚落地率能为农户接受，分析结果为脱荚滚筒整机参数定型提供较好指导。

　　图 6 - 22、图 6 - 23 分别为物料颗粒受力云图及物料颗粒受力分布曲线。分析显示：物料颗粒受力云图显示物料颗粒单元正常情况下多数受力为 0.03 N，少数与梳齿存在瞬间撞击颗粒单元承受较大撞击力，为区分显示，本文对物料受力云图进行上限限制显示，分析结果与实际情况符合，物料颗粒单元与脱荚梳齿撞击瞬间承受撞击力。物料颗粒受力分布曲线显示，脱荚滚筒 300 r/min，颗粒生成 200 个/s 状态下，物料颗粒单元受力最大值为 220 N；脱荚滚筒 300 r/min，颗粒生成 300 个/s 状态下，物料颗粒单元受力最大值为 250 N；脱荚滚筒 300 r/min，颗粒生成 500 个/s 状态下，物料颗粒单元受力最大值为 200 N。物料颗粒受力分布曲线显示，颗粒单元受力均集中在 40～160 N 内，可认为脱荚滚筒 300 r/min 状态下，豆荚破损率较低，仍为农户接受。

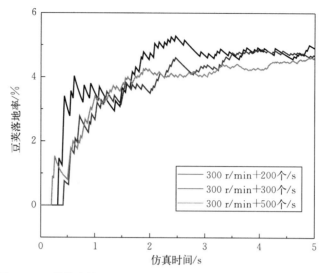

图 6-21　脱荚滚筒 300 r/min 状态下豆荚落地率随时间变化曲线

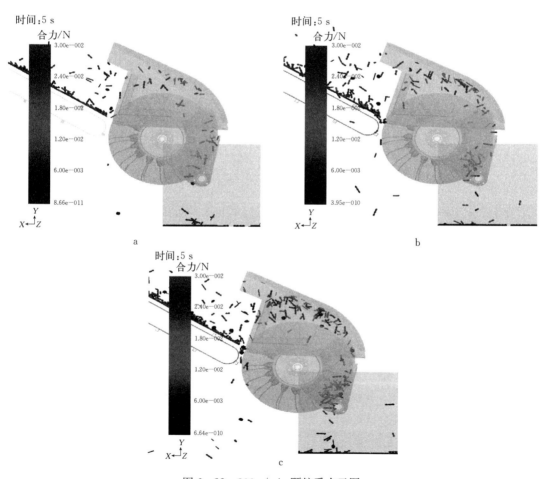

图 6-22　300 r/min 颗粒受力云图

a. 300 r/min+200 个/s　b. 300 r/min+300 个/s　c. 300 r/min+500 个/s

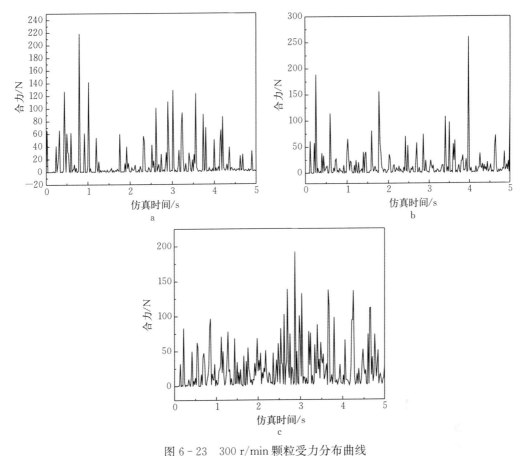

图 6 - 23　300 r/min 颗粒受力分布曲线

a. 300 r/min+200 个/s　b. 300 r/min+300 个/s　c. 300 r/min+500 个/s

　　图 6 - 24 为物料颗粒速度云图。分析显示：脱荚滚筒 300 r/min，颗粒生成 200 个/s、300 个/s、500 个/s 状态下，颗粒最大速度均在 4.0 m/s 范围内，多数颗粒单元速度集中在 2.4～3.2 m/s。其中滚筒抛料口与滚筒内壁撞击处物料颗粒单元速度最大，物料颗粒单元抛撒速度在合理范围内。

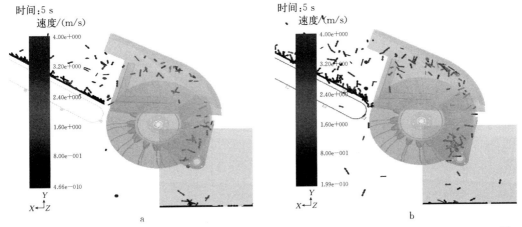

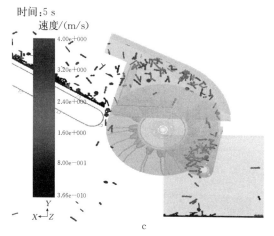

图 6-24　300 r/min 物料颗粒速度云图

a. 300 r/min+200 个/s　b. 300 r/min+300 个/s　c. 300 r/min+500 个/s

脱荚收获中，物料颗粒单元抛撒轨迹及分布区域也是脱荚质量的一项重要指标。图 6-25、图 6-26、图 6-27 分别为滚筒梳齿 300 r/min 时，200 个/s、300 个/s、500 个/s 颗粒生成速度条件下，颗粒单元运动抛撒轨迹。分析显示：收获中物料颗粒单元呈抛物线有序抛入物料输送带，颗粒单元在输送带 0.5~1.2 m 处区域较集中，滚筒罩壳下部有部分豆荚颗粒单元掉落。分析结果利于流线罩壳优化、输送带侧挡料板优化及易掉料区域填补。

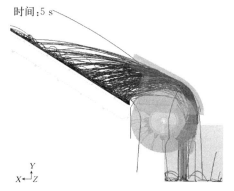

图 6-25　300 r/min+200 个/s 物料颗粒流线图

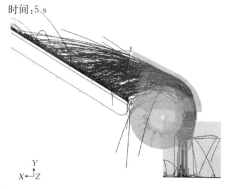

图 6-26　300 r/min+300 个/s 物料颗粒流线图

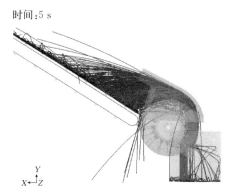

图 6-27　300 r/min+500 个/s 物料颗粒流线图

6.3.3　滚筒转速 500 r/min 脱荚性能分析

实际收获中，滚筒转速 500 r/min 为最高速收获状态，一般较少使用。缺点：①对鲜食大豆植株梳刷力度太大，茎秆等杂质梳刷量过大不利于后期物料清选；②梳齿线速度过大，豆荚承受梳刷力太大，易破损。将滚筒转速设置为 500 r/min，分别研究颗粒生成速率为 200 个/s、300 个/s 和 500 个/s 对脱荚性能的影响。

图 6-28、图 6-29、图 6-30 分别代表 500 r/min+200 个/s 不同时刻豆荚等物料颗粒分布图、500 r/min+300 个/s 不同时刻豆荚等物料颗粒分布图、500 r/min+500 个/s 不同时刻豆荚等物料颗粒分布图，分别截图分析 0.5～4 s 内 8 张颗粒单元分布状况。分析显示：滚筒梳齿 500 r/min 时，200 个/s、300 个/s、500 个/s 颗粒生成速度条件下，豆荚等物料颗粒单元受滚筒梳齿撞击作用后，沿滚筒内壁以抛物线均匀抛向物料输送带，物料颗粒单元存在少量掉落。

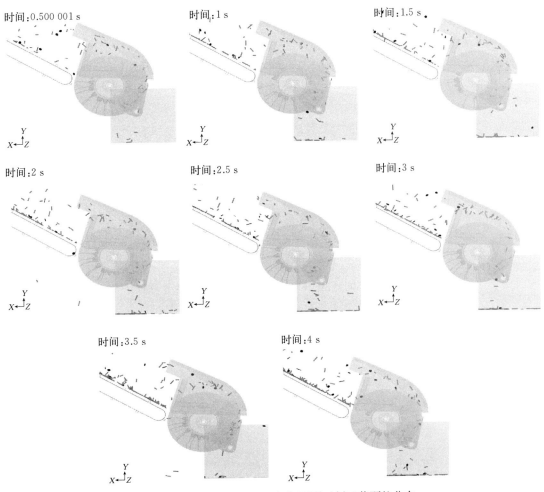

图 6-28　500 r/min+200 个/s 不同时刻豆荚颗粒分布

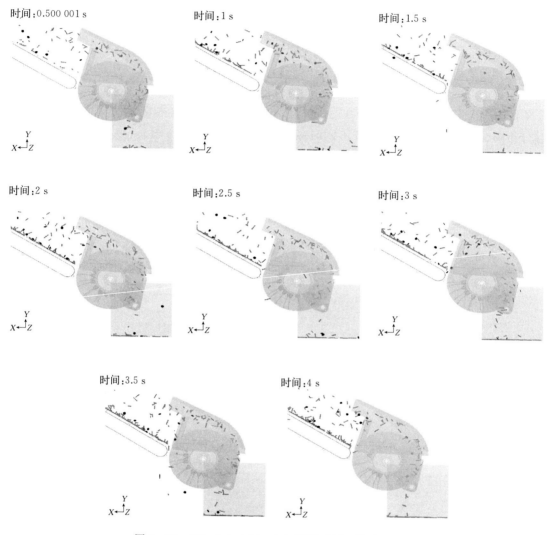

图 6 - 29　500 r/min＋300 个/s 不同时刻豆荚颗粒分布

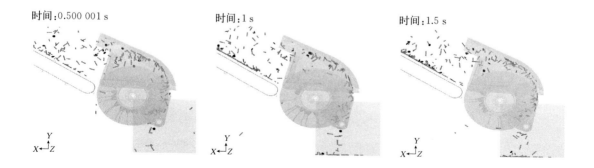

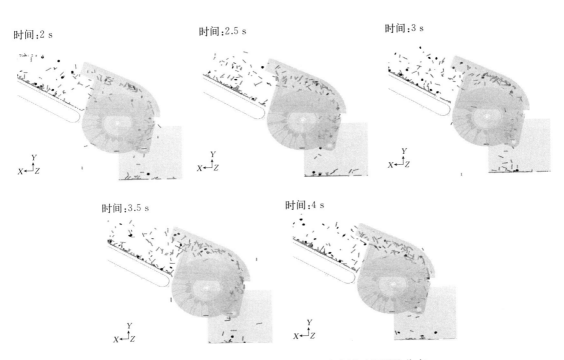

图 6-30　500 r/min+500 个/s 不同时刻豆荚颗粒分布

图 6-31 为脱荚滚筒 500 r/min 状态下豆荚颗粒单元随时间变化曲线。分析显示：脱荚滚筒 500 r/min 状态下豆荚落地率为 4.0%~5.5%。其中脱荚滚筒 500 r/min，颗粒生成 200 个/s 状态下，豆荚落地率为 5.5%；脱荚滚筒 500 r/min，颗粒生成 300 个/s 状态下，豆荚落地率为 4.3%；脱荚滚筒 500 r/min，颗粒生成 500 个/s 状态下，豆荚落地率为 4.0%。正常状况下，收获机收获过程中，豆荚落地率≤5% 为农户所接受。脱荚滚筒 500 r/min，豆荚落地率能为农户接受，分析结果为脱荚滚筒整机参数定型提供了较好指导。

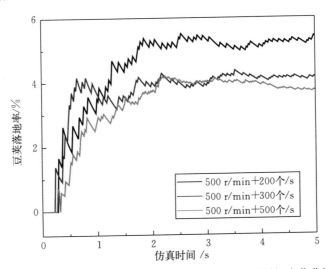

图 6-31　脱荚滚筒 500 r/min 状态下豆荚落地率随时间变化曲线

图 6-32、图 6-33 分别为物料颗粒受力云图及物料颗粒受力分布曲线。分析显示：物料颗粒单元正常情况下多数受力为 0.03 N，少数与梳齿存在瞬间撞击颗粒单元承受较大撞击力，为区分显示，本文对物料受力云图进行上限限制显示，分析结果与实际情况符合，物料颗粒单元与脱荚梳齿撞击瞬间承受撞击力。物料颗粒受力分布曲线显示，脱荚滚筒 500 r/min，颗粒生成 200 个/s 状态下，物料颗粒单元受力最大值为 300 N；脱荚滚筒 500 r/min，颗粒生成 300 个/s 状态下，物料颗粒单元受力最大值为 325 N；脱荚滚筒 500 r/min，颗粒生成 500 个/s 状态下，物料颗粒单元受力最大值为 340 N。物料颗粒受力分布曲线显示，颗粒单元受力集中在 150～250 N 内，可认为脱荚滚筒 500 r/min 状态下，豆荚破损率较高。

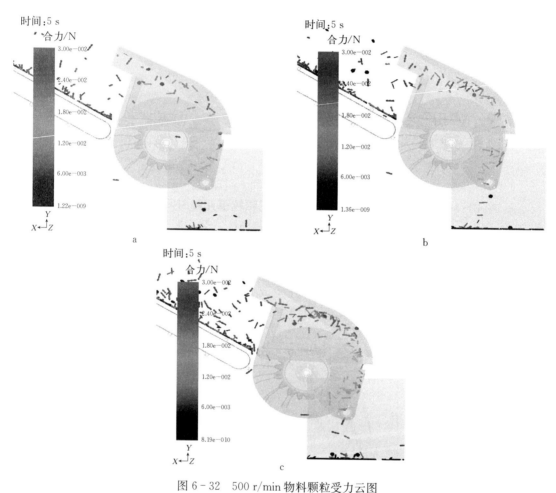

图 6-32 500 r/min 物料颗粒受力云图
a. 500 r/min+200 个/s b. 500 r/min+300 个/s c. 500 r/min+500 个/s

图 6-34 为物料颗粒速度云图。分析显示：脱荚滚筒 500 r/min，颗粒生成 200 个/s、300 个/s、500 个/s 状态下，颗粒最大速度均在 4.0 m/s 范围内，多数颗粒单元速度集中在 3.2～4.0 m/s 之间。其中滚筒抛料口与滚筒内壁撞击处物料颗粒单元速度最大，物料颗粒单元抛撒速度在合理范围内。

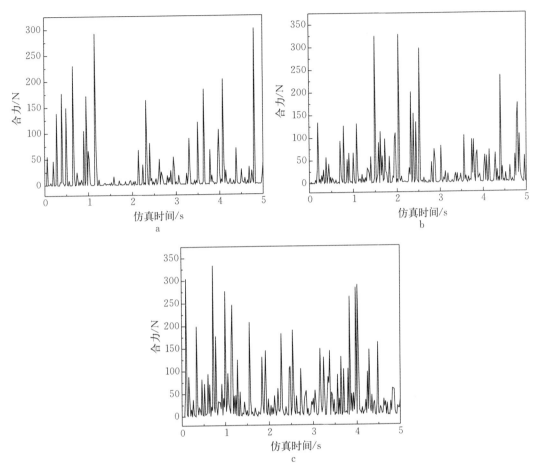

图 6 - 33　500 r/min 物料颗粒受力分布曲线

a. 500 r/min＋200 个/s　b. 500 r/min＋300 个/s　c. 500 r/min＋500 个/s

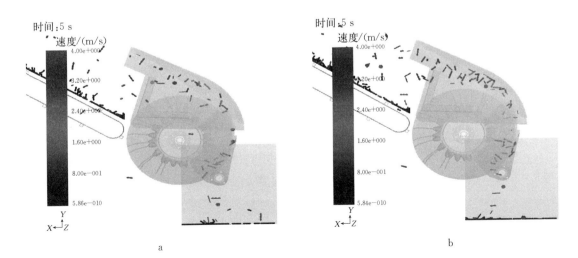

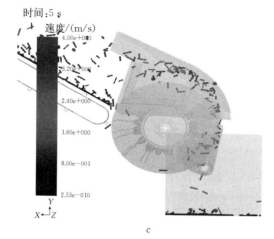

图 6 - 34　500 r/min 物料颗粒速度云图

a. 500 r/min＋200 个/s　b. 500 r/min＋300 个/s　c. 500 r/min＋500 个/s

图 6 - 35、图 6 - 36、图 6 - 37 分别为滚筒梳齿 500 r/min 时，200 个/s、300 个/s、500 个/s 颗粒生成速度条件下，颗粒单元运动抛撒轨迹。分析显示：收获中物料颗粒单元呈抛物线有序抛入物料输送带，颗粒单元在输送带 0.5～1.7 m 处区域较集中，滚筒罩壳下部有部分豆荚颗粒单元掉落。分析结果利于流线罩壳优化、输送带侧挡料板优化及易掉料区域填补。

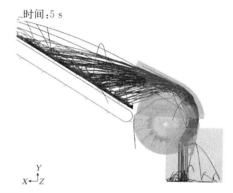

图 6 - 35　500 r/min＋200 个/s 物料颗粒流线图

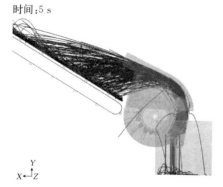

图 6 - 36　500 r/min＋300 个/s 物料颗粒流线图

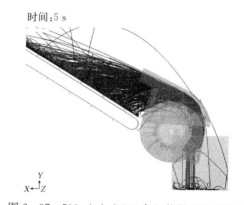

图 6 - 37　500 r/min＋500 个/s 物料颗粒流线图

6.3.4　脱荚性能分析总结

本章以一种鲜食大豆脱荚滚筒为研究对象，通过模拟收获机实际收获作业工况中组合因素对比分析，分析不同时刻豆荚颗粒分布图、滚筒脱落数量随时间变化曲线图、颗粒受力分布曲线、颗粒速度云图等。根据鲜食大豆收获机实际田间收获情况，分析了脱荚滚筒 200 r/min 时，颗粒生成 200 个/s、300 个/s、500 个/s 的状态；脱荚滚筒 300 r/min 时，颗粒生成 200 个/s、300 个/s、500 个/s 的状态；脱荚滚筒 500 r/min 时，颗粒生成 200 个/s、300 个/s、500 个/s 的状态等 9 种工况下物料颗粒单元与梳刷齿交互作用情况。分析结果表明：脱荚滚筒 300 r/min 条件下，豆荚落地率、豆荚破损率有最优表现，为整机脱荚滚筒设计与定型提供了科学指导意义，为鲜食大豆脱荚过程分析和鲜食大豆收获机的优化设计建立了一种新方法。

6.4　本章小结

（1）本章介绍了离散元方法的基本原理、离散元方法计算原理，给出了颗粒接触模型方程、颗粒间的法向接触力方程、颗粒间的法向阻尼力方程、颗粒间的接触切向力方程、颗粒间的切向阻尼力方程等；进一步介绍了颗粒运动方程，颗粒 i 与颗粒 j 运动的控制方程、颗粒速度及力矩和力计算分析方法，为梳刷齿与物料颗粒单元交互作用提供了理论指导。

（2）建立了豆荚、茎秆、叶片颗粒模型，并进一步建立了豆荚颗粒、茎秆颗粒、叶片颗粒 EDEM 模型及边界条件设置；根据颗粒的物性参数、植株力学性能测试及农业物料特性，为了表征豆荚收获过程，建立了物料颗粒工厂；依据鲜食大豆收获实际情况，分别提出了颗粒生成速率分别为 200 个/s、300 个/s 和 500 个/s 时，二粒豆荚颗粒、三粒豆荚颗粒、茎秆颗粒和叶片颗粒重量百分比分别为 35%、35%、15% 和 15%，滚筒转速分别为 200 r/min、300 r/min 和 500 r/min 的组合分析方式。

（3）通过模拟收获机实际收获作业工况中组合因素对比分析，分析不同时刻豆荚颗粒分布图、滚筒脱落数量随时间变化曲线、颗粒受力分布曲线、颗粒速度云图等。为整机脱荚滚筒设计与定型提供了科学指导意义，为鲜食大豆脱荚过程分析和鲜食大豆收获机的优化设计建立了一种新方法。

第7章 整机及关键工作部件设计方法

目前鲜食大豆规模化成片种植以江苏、浙江、安徽、海南等地较为集中。种植地形多以平地、缓坡地为主，很多区域为小麦、鲜食大豆轮种，因此要充分考虑不同区域的土壤与地貌条件。鲜食大豆收获机收获时底盘良好的整机操纵性与坡地、过埂时的稳定性，是衡量收获机的首要条件。鲜食大豆收获质量的影响因素很多，包括鲜食大豆株高、最低结荚高度、豆荚分布状态、作物品种、土壤平整度等外在条件，而整机设计中，底盘良好的行走稳定性与操纵性、最优化的脱荚滚筒参数选定，以及脱荚滚筒、输送机构、叶片风选系统、豆荚滚轮筛选系统等关键部件的设计及对鲜食大豆本身的物理和力学特性的综合考虑，对鲜食大豆收获质量起着决定性作用。

7.1 总体结构与工作原理

7.1.1 总体结构

鲜食大豆收获机主要包括扶禾部件、脱荚部件、物料输送部件、叶片清选部件、茎秆-豆荚清选部件、粮箱部件、液压系统，以及承载这些功能部件的底盘。

根据各功能部件在底盘上的布置，鲜食大豆收获机布局采用前悬挂式脱荚部件；风选部件、茎秆-豆荚部件集成化设计，后置式布局；输送部件为全幅宽中间布局；整机采用全液压驱动方式；底盘为闭式静液压履带式驱动；机架采用整体式焊接工艺；驾驶室布局于上承载架，方便操作、视野开阔；整机外形如图7-1所示。

图7-1 鲜食大豆收获机整机结构

1. 粮箱部件 2. 茎秆-豆荚清选部件 3. 叶片清选部件 4. 物料输送部件 5. 脱荚部件

7.1.2 工作原理

鲜食大豆收获原理如图7-2所示。机具前进中，植株在分禾器作用下分行后，鲜食大豆植株经拨禾毛刷压倒后进入脱荚滚筒内，滚筒上弹性梳齿插入鲜食大豆植株，滚筒高速旋转带动弹性梳齿将鲜食大豆豆荚从茎秆上梳刷下来（位置 A）；梳刷后的物料在惯性力作用下抛至后方槽板式输送装置（位置 B）；物料经过输送带喂入清选装置（位置 C）；叶片经高速轴流风机吸至风机罩壳（位置 D）后排出至田间（位置 G）；茎秆与豆荚受重力作用掉至清选部件（位置 E）；茎秆、豆荚在清选部件（位置 E）实现清选分离，豆荚受重力作用掉至粮箱（位置 F），茎秆经清选部件排出至田间（位置 G）。

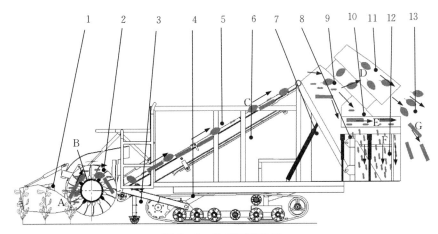

图 7-2　收获原理示意

1. 鲜食大豆植株　2. 滚筒内物料颗粒单元　3. 仿形地轮　4. 底盘系统　5. 输送装置物料颗粒单元
6. 机架总成　7. 举升油缸　8. 卸荚油缸　9. 清选装置物料颗粒单元　10. 茎秆、豆荚颗粒单元
11. 叶片颗粒单元　12. 豆荚颗粒单元　13. 杂质
注：箭头方向为物料流方向。

7.2　关键部件设计与参数

7.2.1　脱荚滚筒结构组成

　　脱荚滚筒主要由扶禾轮、侧罩壳、扶禾轮驱动马达、提升油缸、承重架、支撑座、挂接架、罩壳、传动链轮组合、加强筋、滚轮、挡料板、调节油缸Ⅰ、调节油缸Ⅱ、滚筒驱动马达、脱荚滚筒等组成，脱荚滚筒装置示意如图7-3所示。

7.2.2　脱荚滚筒参数分析

　　脱荚滚筒为整机核心关键部件，其工作性能直接影响脱荚质量。机具脱荚中可分为脱荚区、携荚旋转区、抛荚区 3 个过程。收获中影响漏采率的主要因素为：抛荚区梳刷齿与植株

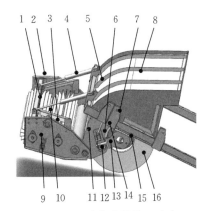

图 7-3　脱荚滚筒装置示意

1. 扶禾轮　2. 侧罩壳　3. 扶禾轮驱动马达
4. 提升油缸　5. 承重架　6. 支撑座　7. 挂接架
8. 罩壳　9. 传动链轮组合　10. 加强筋　11. 滚轮
12. 挡料板　13. 调节油缸Ⅰ　14. 调节油缸Ⅱ
15. 滚筒驱动马达　16. 脱荚滚筒

抽离时间，植株茎秆漏刷区间；携荚旋转区植株与滚筒梳齿缠绕等。设计中为减少上述因素，需分析梳齿与茎秆抽离速度、梳齿与豆荚梳刷次数、梳齿与茎秆抽离时间等参数，确定脱荚滚筒离地高度、轴心离地高度、转速、齿距、梳齿长度等参数。

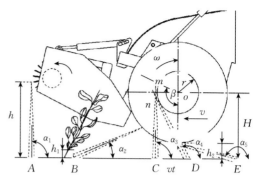

图 7 - 4　脱荚示意

注：h 为鲜食大豆植株高度，m；α_1 收获前植株与地面夹角，(°)；h_1 为鲜食大豆最低离地距离，cm；α_2 喂入区域植株与地面夹角，(°)；$\alpha_3 \sim \alpha_4$ 脱荚区域植株与地面夹角，(°)；α_5 植株抽离状态与地面夹角，(°)；h_2 为滚筒离地距离，cm；v 为机具前进速度，m/s；ω 为滚筒角速度，r/min；r 为滚筒内径（安装梳齿），mm；H 为滚筒轴心离地距离，cm；β 为滚筒旋转角度，(°)；m 为植株与滚筒内径切点处；n 为植株 D 处与滚筒内圆切点处；v_t 为机具位移，m。

如图 7 - 4 所示，脱荚滚筒前进中，鲜食大豆茎秆脱荚过程经 A、B、C、D、E 位置实现茎秆待收、喂入、脱荚、抽离、结束等过程，抽离状态脱荚滚筒位于 C 点处，此时茎秆与梳脱滚筒内圆相切于 m 点，设任意时刻 t，鲜食大豆主茎秆与水平面夹角为 α，o 点为梳脱滚筒轴心，om 与竖直方向的夹角为 β，当鲜食大豆继续被梳脱到 D 点状态时，鲜食大豆顶端与滚筒内圆相切于 n 点，此时鲜食大豆植株抽离运动完成。鲜食大豆植株茎秆高度为 h，Cm 长为 l，梳脱滚筒与地面垂直距离为 H，梳脱滚筒水平向左运动速度为 v。

梳齿抽离初始状态，鲜食大豆植株底端与滚筒体 m 切点处长度 l 为：

$$l = \frac{H - r\cos\alpha}{\sin\alpha} \tag{7-1}$$

茎秆与滚筒缠绕部分长度 l' 为：

$$l' = h - l = h - \frac{H - r\cos\alpha}{\sin\alpha} \tag{7-2}$$

茎秆与滚筒缠绕长度在滚筒上的缠绕角度 θ 为：

$$\theta = \frac{l'}{r} = \frac{h}{r} - \frac{H - r\cos\alpha}{r\sin\alpha} \tag{7-3}$$

此时 m 点所在位置与竖直方向夹角 β 为：

$$\beta = \alpha + \theta = \alpha + \frac{h}{r} - \frac{H - r\cos\alpha}{r\sin\alpha} \tag{7-4}$$

梳齿对茎秆末梢抽离的角速度为：

$$\frac{\mathrm{d}\beta}{\mathrm{d}t} = \frac{\mathrm{d}\alpha}{\mathrm{d}t} + \frac{H\cos\alpha - r}{r\sin^2\alpha}\frac{\mathrm{d}\alpha}{\mathrm{d}t}\left(1 + \frac{H\cos\alpha - r}{r\sin^2\alpha}\right) \tag{7-5}$$

茎秆与地面角度满足式（7-6）、式（7-7）所示，则茎秆末梢从梳齿抽离的线速度如式（7-8）所示：

$$\tan\alpha = \frac{H - r\cos\alpha}{vt - r\,(1 - \sin\alpha)} \tag{7-6}$$

$$\frac{\mathrm{d}\alpha}{\mathrm{d}t}=\frac{v\sin\alpha}{\cos\alpha\ (r-vt)\ -H\sin\alpha} \tag{7-7}$$

$$u=\frac{vr\sin\alpha}{\cos\ (r-vt)\ -H\sin\alpha}\left(r+\frac{H\cos\alpha-r}{\sin^2\alpha}\right) \tag{7-8}$$

由式（7-8）可知，影响鲜食大豆梳刷脱荚 u 的因素有：整机行走速度 v、脱荚滚筒轴心离地高度 H、梳刷脱荚滚筒半径 r，鲜食大豆脱荚速度与 v、H、r 成正比，理论上：鲜食大豆茎秆抽离速度越快，豆荚受到冲击力越大，脱荚效果越好，茎秆缠绕越少，豆荚回带损失越小。

设从抽离开始点 D 处至抽离结束点 E 处所用时间为 Δt，由抽离结束点 E 处时 $l=h$，则有：

$$h=\frac{H-r\cos\alpha_5}{\sin\alpha_5} \tag{7-9}$$

从 α_3 到 α_5 茎秆抽离拨指辊所用时间为：

$$\Delta t=\frac{1}{v}\left[\frac{H-r\cos\alpha_5}{\tan\alpha_5}+r（1-\sin\alpha_5）\right] \tag{7-10}$$

梳刷时，鲜食大豆脱荚率与脱荚时间段内梳刷次数 N_0 成正比，N_0 越大，豆荚被梳脱越干净。抽离过程中由脱荚抽离所用时间 Δt 可知梳刷次数为：

$$N_0=\frac{mn}{60}\Delta t=\frac{4n}{60v}\left[\frac{H-r\cos\alpha_5}{\tan\alpha_5}+r（1-\sin\alpha_5）\right] \tag{7-11}$$

脱荚滚筒需考虑鲜食大豆植株几何特性，滚筒旋转空间应满足喂入植株全区域梳刷，且需保证底荚的梳刷；为提高豆荚梳刷冲击力，减少茎秆缠绕及豆荚回带损失，应尽最大可能提高脱荚滚筒轴心离地距离。

式（7-11）中，m 为梳脱拨指辊个数；n 为脱荚滚筒转速，r/min；v 为脱荚中植株梳刷次数与脱荚滚筒前进速度，m/s。滚筒转速 n、滚筒轴心离地距离 H、滚筒半径 r 和植株高度等相关。其中脱荚滚筒前进速度 v（即喂入速度）增加，滚筒转速同比增加。

7.2.3　脱荚滚筒参数设计

鲜食大豆脱荚装置关键部件为脱荚滚筒，结构如图 7-5 所示。其主要由驱动轴、滚筒罩壳、滚筒、梳齿、梳齿铆接槽等组成，梳齿通过铆接槽均匀分布于脱荚滚筒，滚筒旋转中梳齿对鲜食大豆植株脱荚。

脱荚滚筒的直径和长度与脱荚质量、作物收获幅宽密切相关。脱荚滚筒的直径计算方法为：

$$D=d+2h \tag{7-12}$$

式中：D——滚筒外径，mm；

　　　d——滚筒内径，mm；

　　　h——梳齿长度，mm。

根据文献，滚筒直径一般取 $550\sim680$ mm，考虑到鲜食大豆植株含水率高、枝叶繁杂，梳刷过程滚筒物料密度较大，综合考虑脱荚滚筒功耗、安装空间，滚筒外径设计为

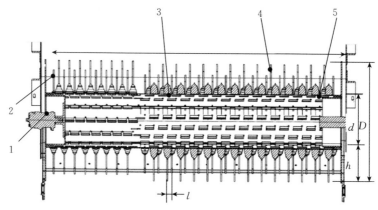

图 7-5　滚筒结构示意

1. 驱动轴　2. 滚筒罩壳　3. 滚筒　4. 梳齿　5. 梳齿铆接槽

注：d 为滚筒内径；D 为滚筒外径；L 为滚筒长度；h 为梳齿长度；l 为梳齿最小距离（滚筒轴向方向）。

670 mm，内径为 300 mm，则梳齿长度为 185 mm。

脱荚滚筒长度即为收获机工作幅宽，目前鲜食大豆以一垄三行、一垄四行种植农艺为主。一垄三行垄宽 1 600 mm，行距 600 mm，两侧留 200 mm；一垄四行垄宽 1 600 mm，行距 450 mm，两侧留 125 mm。综合考虑农艺种植现状，垄宽 L 设计值为 1 600 mm。

滚筒转速的计算方法为：

$$n_z = 6 \times 10^4 \frac{v_g}{\pi D} \tag{7-13}$$

式中：n_z——滚筒转速，r/min；

　　　v_g——脱荚滚筒梳齿的线速度，m/s；

　　　D——滚筒直径，mm。

豆荚与脱荚滚筒梳齿接触后，豆荚在梳齿的撞击作用下，产生一个速度 v_g，即在 Δt 时间内，豆荚的速度由 0 迅速增大到 v_g，梳齿动能转化为豆荚动能，豆荚受到较大的冲击力 F_n，根据冲量定理，假设碰撞时间为 Δt，则：

$$F_n = \frac{m v_g}{\Delta t} \tag{7-14}$$

式中：F_n——豆荚脱荚撞击力，N；

　　　m——豆荚重量，kg；

　　　Δt——梳齿与豆荚接触时间，s。

对于梳刷式脱荚滚筒脱荚而言，滚筒梳齿线速度过高易造成豆荚破损，线速度过低易形成脱荚不净，需确定滚筒脱荚线速度范围。

脱荚线速度范围通过受力分析结合物料特性测试获得，荚柄受拉力-位移曲线如图 7-6 所示，试验测得豆荚脱落力 F_t 为 5～30 N。豆荚受压力-位移曲线如图 7-7 所示，豆荚破损力 F_p 为 150～250 N。

则豆荚无损脱荚需满足：

$$F_t \leqslant F_n \leqslant F_p \tag{7-15}$$

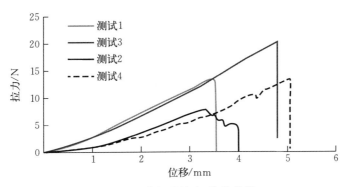

图 7-6　荚柄受拉力-位移曲线

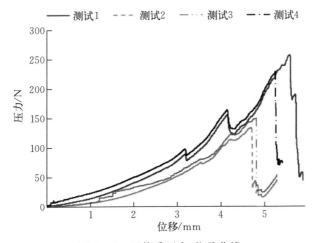

图 7-7　豆荚受压力-位移曲线

将式（7-13）、式（7-14）代入式（7-15）计算得到：

$$\frac{6 \times 10^4 F_t \cos\varphi \Delta t}{m \pi D} \leqslant n_z \leqslant \frac{6 \times 10^4 F_p \cos\varphi \Delta t}{m \pi D} \tag{7-16}$$

式中：F_t——豆荚脱落力 5～30 N，取最大值 30 N；

　　　F_p——豆荚破损力 150～200 N，取最小值 150 N；

　　　m——豆荚单荚重，取 2.78 g；

　　　D——滚筒直径，取 670 mm。

$\cos\varphi$ 取 0.5；Δt 通过高速摄影获取，取 6.498×10^{-4} s；计算滚筒转速 33.33 r/min ≤ n_z ≤ 499.97 r/min。考虑田间收获作业的一些特殊情况，机具最大转速需留有 20% 设计空间，综合考虑滚筒转速采用液压无级变速，取 0～600 r/min。

7.2.4　滚筒梳齿排列

滚筒对豆荚颗粒单元从喂入到脱荚时间段内撞击次数、频率应是均匀的。如图 5-10 所示梳齿布局与植株梳刷喂料图，滚筒旋转中需保证植株每一颗豆荚均满足与梳齿有 1 次以上梳刷撞击，即 b 区间段滚筒旋转 1 周有至少 1 次梳刷撞击。

当滚筒旋转一周，滚筒展开示意如图 7 - 8 所示，将滚筒横向轴径中心线方向视为 x 轴方向，将机具前进方向视为 y 轴方向，x 方向相邻二齿梳距为 b。L 为滚筒长度，a 为 x 方向梳齿间距，以滚筒轴端方向为视图，顺时针旋转向弹性梳齿一圈的分布为 a_1，a_2，a_3，…，a_n。以滚筒横向俯视方向为视图，弹性梳齿依次为 a_1，b_1，c_1，…，m_1；b_1 圈梳齿的分布为 b_1，b_2，b_3，…，b_n；c_1 圈梳齿的分布为 c_1，c_2，c_3，…，c_n；以此类推，m_1 圈梳齿的分布为 m_1，m_2，m_3，…，m_n。c 为 y 轴方向梳齿展开弧长距离，πD 为滚筒周长，D 为滚筒直径。

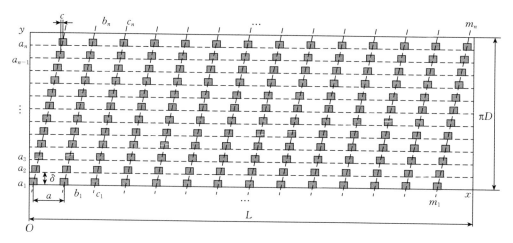

图 7 - 8 滚筒展开示意

注：δ 为梳齿径向展开距离；c 为梳齿径向最小距离。

根据图 7 - 9，梳齿 y 向齿数 n 可按下式计算：

$$n = \frac{\pi D}{\delta} \tag{7-17}$$

式中：D——滚筒直径；

δ——梳齿 y 距离，一般为 18～250 mm（以圆弧长度计算）。

考虑到梳齿安装尺寸，便于滚筒动平衡，δ 取 105.2 mm，y 轴向梳齿个数 n 为 20。

滚筒梳齿排列需满足式（7 - 18）要求，即当滚筒旋转一周图 7 - 8 所示 b 区域至少与梳齿有 1 次碰撞。

$$a = Kcn \tag{7-18}$$

式中：a——梳齿 x 轴向距离；

K——梳齿与豆荚碰撞次数，此处取值 1；

c——梳齿径向最小距离，即豆荚荚宽，此处取值 5 mm；

n——y 轴向梳齿排列个数，取值 20。

$$L = am \tag{7-19}$$

式中：L——滚筒 x 轴向距离，即幅宽，此处取值 1 600 mm；

a——梳齿 x 轴向距离，此处取值 100 mm；

m——滚筒 y 轴向布置梳齿数，取值 16。

7.2.5 梳齿结构设计

滚筒梳齿折弯一定角度利于鲜食大豆脱荚后抛送回弹，有利于提高脱荚率。通过对梳齿与鲜食大豆植株脱荚过程的受力分析，可计算出最优的梳齿折弯角度。鲜食大豆豆荚尺寸相对于滚筒的回转半径小，可将其简化为一个质点，豆荚被弹齿挑起时，其受力情况如图 7-9 所示。

为保证鲜食大豆脱荚后物料能顺利进入输送装置，不在滚筒内脱落至地面，梳齿以 ω 转速在 H 处旋转梳刷脱荚，豆荚物料与梳齿间的摩擦力要大于豆荚物料重力和离心力在梳齿端部的分力之和，即豆荚受力条件为：

$$F_f \geqslant G\cos(\beta+\gamma) + F_r\cos\beta \qquad (7-20)$$

其中：

$$F_f = \mu F_n \qquad (7-21)$$

$$F_r = mR\omega^2 \qquad (7-22)$$

$$F_n = G\sin(\beta+\gamma) + F_r\sin\beta + F_t \qquad (7-23)$$

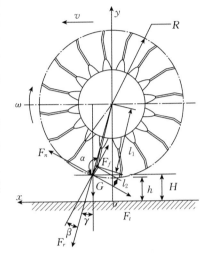

图 7-9 物料与梳齿碰撞运动学分析

注：ω 为滚筒转速，r/min；R 为滚筒外径，mm；v 为机具前进速度，m/s；F_f 为鲜食大豆向后抛送时所受的摩擦力，N；h 为滚筒最低离地距离，mm；H 为梳齿开始脱荚处滚筒离地距离，mm；G 为豆荚重力，N；β 为梳齿折弯段与离心力的夹角，(°)；F_r 为豆荚离心力，N；γ 为豆荚重力与离心方向的夹角，(°)；F_n 为梳齿对豆荚施加的撞击力，N；l_1 为梳齿折弯处与滚筒中心距离，mm；l_2 为梳齿折弯长度，mm。

式中：F_f——鲜食大豆向后抛送时所受的摩擦力，N；

G——豆荚重力，N；

β——梳齿折弯段与离心力的夹角，(°)；

F_r——豆荚离心力，N；

γ——豆荚重力与离心方向的夹角，(°)；

μ——豆荚植株与梳齿之间的摩擦系数；

F_n——梳齿对豆荚施加的撞击力，N；

F_t——豆荚脱荚力，N。

根据几何关系，考虑梳齿梳刷中存在一定向后弹性变形，考虑主要因素，忽略次要因素，则有：

$$\alpha + \beta = 180° \qquad (7-24)$$

$$\beta + \gamma = \arccos\frac{R+h-H}{R} = 73.74° \qquad (7-25)$$

式中：R——滚筒外径，此处取 335 mm；

h——滚筒工作最低离地距离，此处取 110 mm；

H——梳齿与滚筒梳刷脱荚最低离地距离见表 7-2，此处取 123 mm。

将式（7-20）至式（7-24）代入式（7-25）可得：

$$\mu g\sin(\beta+\gamma)+\mu R\omega^2\sin(180°-\alpha)+\mu F_t\geqslant g\cos(\beta+\gamma)+R\omega^2\cos(180°-\alpha)$$

$$(7-26)$$

μ 值通过鲜食大豆斜板滑移试验获取，取 0.5。可得捡拾弹齿折弯角度 α 为 164.77°，圆整为 165°。

$$R=l_1+l_2\cos(180°-\alpha) \tag{7-27}$$

弹指 l_2 长度取豆荚长度 4 cm，则 l_1 长度为 30 cm。

弹齿钢丝直径为 8 mm，端部倾角为 165°，该机构作用为：脱荚、抛送、防止物料落地等特点，角度过大豆荚易落地，角度过小易回带，无法抛送至输送带。

7.3 底盘设计

7.3.1 底盘设计原则

鲜食大豆收获机行走底盘为闭式静液压驱动方式，能适应下雨后泥泞土壤，规定在坡度小于 25° 的田间行走，同时满足田间过埂、灵活转向、防侧倾等一系列条件，因此考虑鲜食大豆收获机应满足以下条件[117]：

（1）具备良好操纵性，良好行驶稳定性，行走底盘液压元件连续无障碍工作 10 h 以上。

（2）具有良好田间通过性，是指收获机过埂、原地调头、转向的能力。

（3）具有较好爬坡性能，能适应坡度小于 25° 的缓坡地行走，同时重心应始终位于底盘最中间。

（4）具有良好的操纵性，具体指转弯半径要小、高低速过渡平稳、调节方便，制动、转向灵活等条件。

（5）整机结构紧凑、布局合理，在完成各项作业功能、机具可靠的前提下尺寸应最大轻量化，整机重量尽可能小，减少油耗。

（6）控制整机造价成本。美国 OXBO 阿克斯波型鲜食青豌豆收获机，沿用梳齿滚筒式采摘机构，其机型为大型自走式，国内售价 450 万元；日本农协单行机国内售价 50 万～60 万元，日本松元株式会社的自走式鲜食大豆收获机国内售价为 168 万元，法国库恩自走式鲜食大豆收获机国内售价为 350 万元左右。本文研制幅宽 1.6 m 自走式鲜食大豆收获机与同类国外产品比较后，可售价 50 万元，制造成本价格控制在 25 万元内，具有较大市场优势，农户也能接受。

通过对我国鲜食大豆种植区实地调研和市场调查，鲜食大豆的种植行距普遍在 300～400 mm，株距为 150～200 mm，综合考虑上述条件，确定自走式鲜食大豆收获机的基本设计参数，如表 7-1 所示。

表 7-1 自走式鲜食大豆收获机整机设计要求

参数	要求	备注
外形尺寸（长×宽×高）	小于（4 000×1 800×3 500）mm	底盘离地高度≥200 mm
工作能力	5～8 亩/h	3～4 行

（续）

参数	要求	备注
驱动方式	全液驱	方便动力结构布置
整机动力	≤55 kW	与整机粮箱装满重量有关
整机重量	≤3 000 kg	重量越小，功耗越小
行走方式	闭式静液压履带行走底盘	考虑田间土壤条件
作业幅宽	1 600 mm	适宜一垄三行普遍种植模式收获
行走速度	0~5 m/s	收获时行走速度为 0.3~0.8 m/s，非收获工作状态的行走速度为 3~5 m/s
爬坡能力	≤25°	大于25°的坡地不再种植农作物
转弯半径	≤5 m	考虑到地块长度较小
整机造价	≤25 万元	考虑国外机具售价及种植户市场调研

7.3.2　行走底盘设计

根据行走底盘不同，鲜食大豆收获机可以分为履带驱动式和轮驱动式两大类[118-120]。

（1）履带驱动式底盘的主要特点如下。

① 接地面积大，具有良好的通过性和过埂能力，适用于田间松软泥泞土壤的行走。

② 具有良好的抓地性能，适于条件恶劣的田间作业，具备良好侧向稳定性及田间原地转向能力。

③ 结构及制造成本高于轮驱动式。

（2）轮驱动式鲜食大豆收获机。轮驱动式鲜食大豆收获机按照驱动方式分为两轮驱动和四轮驱动，两轮驱动以前轮驱动、后轮转向为主，四轮驱动是大型收获机专用底盘发展的主要趋势之一。

两轮驱动的收获行走底盘机具有以下特点：①适用于田间的高速作业和道路公路运输；②结构简单，制造成本低，经济性较好；③通过性能较差，田间行走易打滑。

四轮驱动的收获行走底盘机具有以下特点[117]：①以大幅宽、静液压驱动为主，制造成本高，结构复杂；②振动和噪声较大，整机燃油经济性能差，动力传递效率偏低；③具备良好田间通过性及转向能力。

综上所述，综合考虑各种驱动形式的优缺点和成本因素，本文选择履带闭式静液压前驱式行走底盘，如图 7-10 至图 7-12 所示。

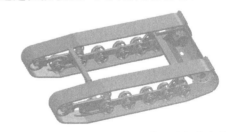

图 7-10　履带闭式静液压前驱式行走底盘

图 7-11　底盘侧视图

图 7-12　底盘后视图

7.3.3 履带式鲜食大豆收获机的行走机理

履带行走机构主要由驱动轮、承重轮、履带承重轮、导向轮、支撑架等组成。鲜食大豆收获机通过液压马达将扭矩传递至驱动轮，产生驱动力，其产生过程如图 7 – 13 所示。

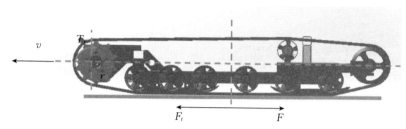

图 7 - 13 行走机构的行走受力分析

发动机产生的转矩经液压泵、控制阀片、液压马达等传至驱动轮，与地面产生一个驱动力 F，此时地面对履带轮产生反作用力 F_t，在 F_t 的作用下，整机前进，其大小为：

$$F_t = F = \frac{T_t}{r} = \frac{9\,550 P_e i \eta_T}{nr} \qquad (7-28)$$

式中：F——驱动力，N；

T_t——液压马达的转矩，N·m；

r——驱动轮半径，m；

P_e——液压马达功率，kW；

n——液压马达的转速，r/min；

η_T——液压马达传动效率；

i——减速器的传动比。

（1）行驶的驱动与附着条件。在行驶过程中，由于各种阻力的存在，有了驱动力并不一定可以使机器前进，驱动力克服收获机作业状态极限工况阻力，且留有一点功率差，机器才会正常平稳行驶[121-122]。

① 行驶阻力。收获机在行驶过程中受到的阻力包括：地面摩擦阻力、空气阻力、坡度阻力和加速阻力。

a. 地面摩擦阻力（F_f）。收获机在行驶过程中产生滚动阻力，其大小为：

$$F_f = (G_1 + G_2) f \qquad (7-29)$$

式中：G_1——整机重力，N；

G_2——粮箱装满时豆荚及驾驶员等重力，N；

f——滚动阻力系数。

地面状况对滚动阻力系数影响较大，硬质路面其值较小，软质路面其值较大。表 7 - 2 列出了不同路面条件下，滚动阻力的大致范围。

表 7-2 不同路面的滚动阻力系数

地面类型	滚动阻力系数
干燥路面	$0.025\sim0.035$
泥泞路面	$0.1\sim0.25$

b. 空气阻力（F_w）。车辆在空气介质中行驶，必将受到空气的作用，按照空气动力学原理，其大小为：

$$F_w=\frac{C_DAv^2}{21.15} \tag{7-30}$$

式中：C_D——空气阻力系数；

A——迎风面积，m^2；

v——行驶速度，m/s。

从式中可以看出空气阻力与空气阻力系数、迎风面积及行驶速度的平方成正比。

$$F_t\geqslant F_f+F_w+F_i \tag{7-31}$$

c. 坡度阻力（F_i）。在坡度为 α 的路面上行驶时的坡度阻力为：

$$F_i=(G_1+G_2)\sin\alpha \tag{7-32}$$

另外，由于鲜食大豆收获机在正常行驶及作业时，加速度较小，加速阻力可以忽略不计。

② 驱动条件。驱动力是车辆行驶时的唯一动力，在正常行驶时，必须使驱动力不小于行驶状态所受到的阻力之和，即：

$$F_t\geqslant F_f+F_w+F_i \tag{7-33}$$

驱动力可由液压马达的额定功率计算得到，但必须以履带轮和地面不发生滑转为条件，若发生滑转时，履带轮与地面之间的切向作用力不会增加，履带轮将原地打滑，这表明车辆行驶的驱动力还受到车轮与地面附着条件的限制，地面对车轮切向作用力的极限值称为附着力，其大小为：

$$F_\varphi=Z\varphi \tag{7-34}$$

式中：F_φ——附着力，N；

Z——车轮与地面的法向作用力，N；

φ——附着系数，一般取 0.75。

很显然，正常行驶不发生滑转的条件为：

$$F_t\leqslant F_\varphi \tag{7-35}$$

附着系数主要取决于地面的状况，松软土壤附着系数小，泥泞路面的附着系数也小，干燥路面的附着系数最大，履带轮一般取 0.75。

（2）影响鲜食大豆收获机行走性能的因素。在行驶过程中，影响收获机行走性能的因素主要包括：行驶阻力、附着系数、重心位置、土壤类型、液压马达额定输出功率、液压马达传动效率。

（3）分析、评价鲜食大豆收获机行走性能的指标。鲜食大豆收获机行走性能指标可参考稻麦收获机等农用非道路车辆评价指标，收获机行走性能的好坏，可通过以下指标进行评价，即驱动力、通过性能、爬坡能力、抗侧翻能力。

（4）爬坡能力。鲜食大豆收获机在田间作业，需要经常爬坡、过埂、下坡，因此，爬坡能力成为评价鲜食大豆收获机工作性能的一个重要指标[123]。图 7 - 14 为鲜食大豆收获机爬坡时的受力示意。

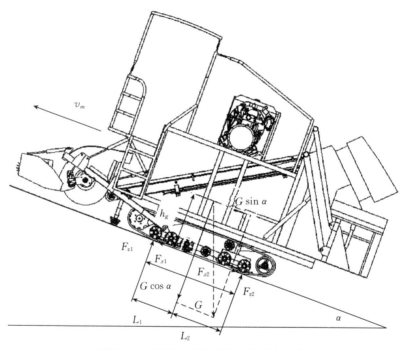

图 7 - 14　鲜食大豆收获机爬坡受力示意

忽略鲜食大豆收获机爬坡时受到的空气阻力和空气升力，图中 G 为整机重力，α 为坡度角，F_{z1}、F_{z2} 为作用在履带轮前后承重轮上的地面法向反作用力，F_{x1}、F_{x2} 为作用在履带轮与地面切向的反作用力，h_g 为重心高度，L 为轴距，L_1 和 L_2 为收获机重心到前后轴的距离。鲜食大豆收获机采用前轮驱动方式，故将作用在收获机上的诸力对前轮的 F_{z1} 点取力矩，则 F_{z1} 与地面的附着力 F_φ 为：

$$F_{z1} = \frac{G(\cos\alpha L_2 - \sin\alpha h_g)}{L} \tag{7 - 36}$$

φ 为附着系数，当鲜食大豆收获机的履带轮驱动处与地面的附着力等于零时，即 $F_\varphi = 0$，鲜食大豆收获机将无法爬坡，此时：

$$\cos\alpha L_2 - \sin\alpha h_g = 0 \tag{7 - 37}$$

$$\tan\alpha = \frac{L_2}{h_g} \tag{7 - 38}$$

即鲜食大豆收获机的爬坡能力
与整机的重心位置以及总体布置有
关，当重心高度 h_g 下降时，整机的
爬坡能力提高，当重心距后轴距离
大时，爬坡能力提高。

（5）抗侧翻能力。鲜食大豆多
种植在垄地上，收获中忽遇地面深
陷，误入沟间时有发生，因此，鲜
食大豆收获机的抗侧翻能力也是评
价鲜食大豆收获机工作能力的一个
重要指标[124-126]。图 7 - 15 所示为
鲜食大豆收获机在坡度为 β 的坡面
上的受力示意。

忽略鲜食大豆收获机爬坡时受
到的空气阻力和侧向加速度，图中
G 为整机重力，β 为坡度角，F_{zi}、
F_{z0} 为作用在左右轮上的地面法向反
作用力，h_g 为重心高度，B 为轮
距，a 和 b 为收获机重心到左右履
带轮的距离。将作用在收获机上的
诸力对前轮的 A 点取力矩，可得：

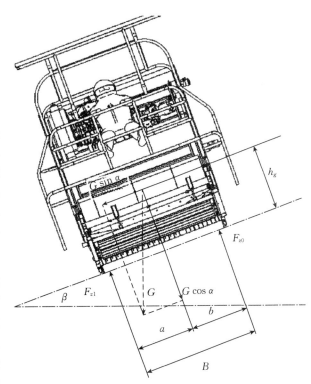

图 7 - 15　鲜食大豆收获机在侧倾平面内的受力示意

$$-G\sin\beta h_g + G\cos\beta b - F_{z0}B = 0 \qquad (7-39)$$

$$F_{z0} = \frac{G\cos\beta b - \sin\beta h_g}{B} \qquad (7-40)$$

当 $F_{z0}=0$ 时，鲜食大豆收获机将发生侧翻，此时：

$$\tan\beta = \frac{b}{h_g} \qquad (7-41)$$

即鲜食大豆收获机的抗侧倾能力与整机的重心高度有关，当重心高度 h_g 下降时，整
机的抗侧翻能力提高，当重心距易发生侧倾的轮距大时，抗侧翻能力提高。农业机械为了
提高机器的抗侧翻能力，一般将重心设置在中轴面内，即 $a=b=B/2$。

7.4　整机功率计算与功能布局

7.4.1　整机功率计算

鲜食大豆收获机的作业流程包括分禾、毛刷对鲜食大豆植株旋转扶禾、梳刷脱荚、物
料输送、叶片负压清选、豆荚-茎秆分离、豆荚收集以及行走。鲜食大豆收获机脱荚滚筒
采用前悬挂式，全幅宽输送，后置式液压举升卸粮，叶片负压清选装置、滚轮式豆荚-茎

秆分离装置与后置式液压举升卸粮装置一体化设计,一是方便整机结构布局,二是与前悬脱荚滚筒进行配重,控制重心。因此,整机的功率主要包括:脱荚消耗的功率、物料颗粒输送功率、叶片负压清选功率、绞龙输送与茎秆-豆荚滚轮式清选消耗功率、茎秆和豆荚物粒旋扫装置消耗功率以及行走功率[127-130]。

(1)脱荚消耗的功率。脱荚滚筒消耗的功率主要包括:①毛刷对鲜食大豆植株旋转扶禾及压辊旋转功率,主要是机器向前运动时,对鲜食大豆植株进行一次压倒去顶端叶片,压辊对植株二次压倒所消耗的功率;②脱荚滚筒脱荚功率,主要是梳刷拨指与植株交互作用消耗的功率;③工作部件空载的消耗功率,主要是克服工作部件运动时的摩擦所消耗的功率。

根据试验测试结果,幅宽 1.6 m 脱荚滚筒机构脱荚消耗的最大功率约为 20 马力[*],扶禾毛刷及压辊消耗功率为 5 马力,脱荚滚筒截面与外形见图 7-16、图 7-17。

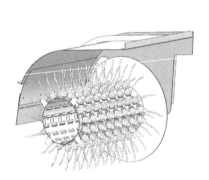

图 7-16 脱荚滚筒截面

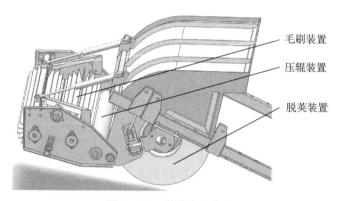

毛刷装置

压辊装置

脱荚装置

图 7-17 脱荚滚筒外形

(2)物料颗粒输送功率。物料颗粒输送功率主要包括:①收获时,物料堆积皮带线性运输所消耗的功率;②空载时,克服运动部件摩擦消耗的功率。豆荚-茎秆-叶片物料输送机构见图 7-18。

根据物料堆积输送过程的试验测试结果,当液压马达与输送装置驱动滚轮直联时,正常工作消耗的功率约为 5 马力。

(3)叶片负压清选消耗功率。脱荚后,豆荚-茎秆-叶片物料输送装置送入粮箱的颗粒物需进一步清选才能满足农户需求,叶片主要通过负压清选抛入田间方式实现。鲜食

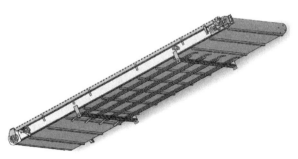

图 7-18 豆荚-茎秆-叶片物料输送机构

大豆收获机采用轴流风机负压吸抛原理,轴流风机是通过叶片的做功将能量传递给空气流体,空气吸附鲜食大豆植株叶片经罩壳将其抛撒田间,风机参数是收获品相的关键核心参

---

[*] 马力为非法定计量单位,1 马力≈735 W。——编者注

数，风量过大，会排出豆荚形成浪费，风量过小叶片不易排出。因此，风机功率采用试验与理论计算组合方式确定。

轴流风机功率计算公式为：

$$P = \frac{Q \cdot p}{(3\,600 \times 1\,000 \times \eta_0 \times \eta_1)} \tag{7-42}$$

式中：P——风机功率，kW；

Q——风机风量，m^3/h；

p——风机全压，Pa；

η_0——风机的内效率，一般取 0.75～0.85，小风机取低值，大风机取高值；

η_1——机械效率，风机与液压马达直联取 1；联轴器联结取 0.95～0.98；三角皮带联结取 0.9～0.95；皮带传动取 0.85。

风机所产生的风量与风机叶轮直径、转速、叶片形式等有关：

$$Q = 148 \overline{Q} D^3 n \tag{7-43}$$

式中：Q——风机风量，m^3/h；

$\overline{Q}$——流量系数，与风机型号相关，查风机设计手册确定；

D——风机叶轮外径，m；

n——风机转速，r/min。

风机产生的风压与风机叶片直径、转速、空气密度及叶片形式有关：

$$H = 9.806\,65 \times \rho h v^2 \tag{7-44}$$

式中：H——风机全压，Pa；

ρ——空气的密度（标准大气压），kg/m^3；

v——风机叶片外周的圆周速度，m/s；

h——全压系数，实验确定，s^2/m^4，后向式为 0.4～0.6，径向式为 0.6～0.8，前向式为 0.8～1.1。

风机理论计算对风机选型设计有很好指导作用，实际风机功率、叶片数量、外径、入口角度等参数的确定，仍需要实验进一步验证，风机性能试验如图 7-19、图 7-20 所示，试验数据如表 7-3 所示。

图 7-19　风机噪声测试

图 7-20　风机风速测试

表7-3　风机性能测试

风机类型	叶片数量/ 片	叶片外径/ mm	风机转速/ (r/min)	叶片角度/ (°)	风量/ (m³/h)	全压/ Pa	全压效率/ %
轴流风机液压 马达直联式	3	700	1 450	15	12 280	226.5	71
				20	16 501	250.9	75
				25	20 722	261.4	77
				30	22 641	292.7	75
				35	24 944	331.1	71

风机安装如图7-21所示，鲜食大豆物料经输送带翻抛物料罩壳，风机与水平面成45°斜向布置，收获机叶片清理由于植株叶片采用负压吸排，为减少叶片在风机出风口堵塞现象，在保证叶片吸排效果的同时减少叶片数量，叶片外形如图7-22所示。鲜食大豆收获机风选装置采用轴流风机液压马达直联式驱动方式，最高转速为1 450 r/min，叶片角度为35°，叶片外径为700 mm。根据风机物料风选测试结果，当电机与风机输入轴直联时，消耗的功率约为5马力。

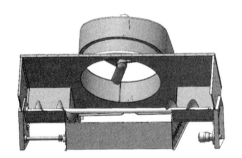

图7-21　风机安装示意

图7-22　叶片外形

（4）绞龙输送与茎秆-豆荚滚轮式清选消耗功率。绞龙输送与茎秆-豆荚滚轮式清选为一个马达驱动，该部分通过链条传动驱动，绞龙作用是将两侧物料进行中间聚向输送，豆荚滚轮式清选作用是滚轮旋转时，豆荚随滚轮之间间隙掉入粮箱进行收集，消耗的功率主要包括：①绞龙克服作物物料向前推动及摩擦力消耗的功率；②滚轮克服作物物料向前推动及摩擦力消耗的功率。

根据绞龙输送与茎秆-豆荚滚轮式清选装置（图 7 - 23、图 7 - 24）清选过程的试验测试结果可知，堆放作物物料正常工作消耗的功率约为 3 马力。

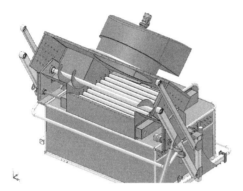

图 7 - 23　茎秆-豆荚滚轮式清选布局

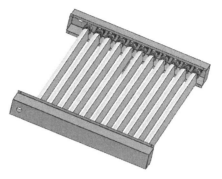

图 7 - 24　茎秆-豆荚滚轮式清选装置

（5）茎秆和豆荚物粒旋扫装置消耗功率。茎秆、豆荚物粒旋扫装置为一个马达驱动，该部分液压马达直联传动驱动，该装置作用是对茎秆-豆荚滚轮式清选进行旋转扫动，利于豆荚掉入粮箱消耗的功率，主要包括：①扫板克服作物物料向前推动及摩擦力消耗的功率；②空载时，克服运动部件摩擦及自身转动消耗的功率。

根据茎秆、豆荚物粒旋扫装置（图 7 - 25）清选过程的试验测试结果可知，堆放作物物料正常工作消耗的功率约为 1 马力。

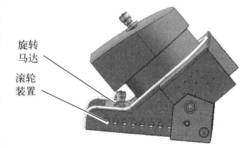

图 7 - 25　茎秆和豆荚物粒旋扫装置

（6）行走功率。当鲜食大豆收获机工作时，作用在收获机上的外部阻力总和应与牵引力平衡，即：

$$F_t = \sum F = F_f + F_a + F_i + F_w + F_x \tag{7-45}$$

式中：$\sum F$——阻力总和，N；

　　　F_f——滚动阻力，N；

　　　F_a——加速阻力，N；

　　　F_i——坡度阻力，N；

　　　F_w——空气阻力，N；

　　　F_x——工作阻力，N。

其中，$F_f = fG\cos\alpha$，$F_i = G\sin\alpha$，f 为滚动阻力系数，履带式农业机械在旱地工作时可取 0.15～0.02，G 为鲜食大豆收获机粮箱装满总重力（重量 m 取 3 500 kg），α 为收获机工作时的地面坡度，我国规定坡度大于 25°的地面将不再种植农作物，因此取 $\alpha = 25°$。

对于鲜食大豆收获机，机器正常工作时由于作业速度很小，空气阻力和加速阻力可以忽略不计，同时由于工作阻力远小于滚动阻力和坡度阻力，也可忽略不计，所以：

$$\sum F = F_f + F_i \qquad (7-46)$$

代入数据计算可得，$\sum F = 15\,425$（N）。

发动机用在牵引上的功率为（作业速度 v 取值 $2\,km/h$，稳定行走系数 η 取值 0.6）：

$$P_{行走} = \frac{\sum F \times v}{3.6\eta} = \frac{15\,425 \times 2.0}{3.6 \times 0.6} = 14.282(kW) = 19.424(马力) \qquad (7-47)$$

整机消耗的功率 $P = P_{行走} + P_{脱荚} + P_{输送} + P_{清选} + P_{风机} + P_{旋转} = 53.424$ 马力。

为了保证发动机的燃油经济性和寿命，取 15% 的功率储备系数，另外，鲜食大豆收获机工作条件恶劣，取 1.2 的安全系数，所以，实际选择发动机的功率为 $P_{实际} = 55.424$ 马力/$0.85 \times 1.2 = 75.4$ 马力。

7.4.2 各功能模块布局

鲜食大豆收获机的功能模块可以分为扶禾模块、脱荚模块、物料输送模块、叶片清选模块、茎秆-豆荚清选模块、粮箱模块、液压系统模块，以及承载这些功能模块的底盘。鲜食大豆收获机在工作时首先由毛刷扶禾模块将鲜食大豆植株进行扶禾喂入，利于植株喂入脱荚滚筒，由物料输送模块将脱荚后作物物料喂入清选装置，作物物料经叶片风选模块将叶片负吸排入田间，茎秆、豆荚物料经茎秆-豆荚滚轮清选模块将豆荚清选进入粮箱收集[131-132]。

根据各功能模块在底盘上的布置，鲜食大豆收获机一般布局脱荚模块前悬挂式，风选模块、茎秆-豆荚模块集成化设计，布局为后置式，输送模块为全幅宽中间布局，整机采用全液压驱动方式，底盘模块为闭式静液压履带式驱动，机架模块采用整体式焊接承载各功能模块，驾驶室布局于上承载架，方便操作、视野开阔[133]，整机外形如图 7-26 所示。

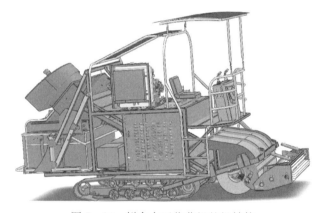

图 7-26　鲜食大豆收获机整机结构

7.5　液压驱动系统设计与性能测试

7.5.1　液压驱动系统设计

鲜食大豆收获机整机采用全液压驱动方案，主要液压执行部件有左右液压行走马达 2 个，驱动功率 10 马力，脱荚滚筒驱动马达 1 个，驱动功率 20 马力，毛刷扶禾、压辊驱动马达 1 个，驱动功率 5 马力，物料输送装置驱动马达 1 个，驱动功率 5 马力，叶片风选驱动马达 1 个，驱动功率 5 马力，绞龙及茎秆-豆荚滚轮清选驱动马达 1 个，驱动功率 3 马力，茎秆、豆荚物粒旋扫马达 1 个，驱动功率 1 马力。毛刷调节油缸 2 个，挡料板微调油缸 2 个，脱荚滚筒主提升油缸 2 个，脱荚滚筒副提升油缸 2 个，粮箱主举升油缸 2 个，卸粮板打开油缸 4 个，液压控制台 1 套，多路换向阀 1 套，油缸执行件液压泵 1 套，液压油箱 1 套，角度传感器 3 套，具体液压件分布如图 7-27 所示，液压件具体设计要求如表 7-4 所示。

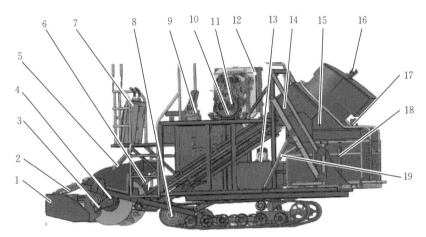

图 7-27　液压件分布

1. 毛刷扶禾、压辊驱动马达　2. 毛刷调节油缸　3. 挡料板微调油缸　4. 脱荚滚筒驱动马达
5. 脱荚滚筒主提升油缸　6. 脱荚滚筒副提升油缸　7. 液压控制台　8. 液压行走马达　9. 多路控制阀
10. 执行件液压泵　11. 执行件控制阀　12. 油缸执行件液压泵　13. 液压油箱　14. 物料输送装置驱动马达
15. 绞龙及茎秆-豆荚滚轮清选驱动马达　16. 叶片风选驱动马达　17. 茎秆、豆荚物粒旋扫马达
18. 卸粮板打开油缸　19. 粮箱主举升油缸

表 7-4　液压件具体设计要求

液压件名称	数量	设计要求	备注
行走马达	2 个	(1) 整机工作速度：0~5 km/h（无级可调）； (2) 工作速度：0~7 km/h，最高行驶速度为 7 km/h； (3) 直接方式：驱动轮直联； (4) 驱动功率：10 马力/个×2 个＝20 马力	法国波克兰
脱荚滚筒驱动马达	1 个	(1) 工作转速：0~450 r/min（无级可调）； (2) 驱动功率：20 马力； (3) 直接方式：脱荚滚筒直联	丹麦丹佛斯
毛刷扶禾、 压辊驱动马达	1 个	(1) 工作转速：0~250 r/min（无级可调）； (2) 驱动功率：5 马力； (3) 直接方式：组合链轮传递	丹麦丹佛斯
物料输送装置 驱动马达	1 个	(1) 输送带速度：0~6 km/h（无级可调）； (2) 驱动功率：5 马力； (3) 直接方式：驱动滚轮直联	丹麦丹佛斯

（续）

液压件名称	数量	设计要求	备注
叶片风选驱动马达	1个	(1) 工作转速：0～1 500 r/min（无级可调）； (2) 驱动功率：5 马力； (3) 直接方式：风机主轴直联	丹麦丹佛斯
绞龙及茎秆-豆荚滚轮清选驱动马达	1个	(1) 工作转速：0～300 r/min（无级可调）； (2) 驱动功率：3 马力； (3) 直接方式：组合链轮传递	丹麦丹佛斯
茎秆、豆荚物粒旋扫马达	1个	(1) 工作转速：0～100 r/min（无级可调）； (2) 驱动功率：1 马力； (3) 直接方式：主轴直联	丹麦丹佛斯
毛刷调节油缸	2个	(1) 提升重量：≥250 kg； (2) 调节行程：−10 cm～［（$L_{1低}$−$L_{1高}$）＋10 cm］； (3) 油缸同步缩伸	无锡丰瑞
挡料板微调油缸	2个	(1) 提升重量：≥200 kg； (2) 调节行程：−5 cm～［（$L_{2高}$−$L_{2低}$）＋5 cm］； (3) 油缸同步缩伸	无锡丰瑞
脱荚滚筒主提升油缸	2个	(1) 提升重量：≥400 kg； (2) 调节行程：−25 cm～［（$L_{3低}$−$L_{3高}$）＋25 cm］； (3) 油缸同步缩伸	无锡丰瑞
脱荚滚筒副提升油缸	2个	(1) 提升重量：≥300 kg； (2) 调节行程：−15 cm～［（$L_{3低}$−$L_{3高}$）＋15 cm］； (3) 油缸同步缩伸	无锡丰瑞
粮箱主举升油缸	2个	(1) 提升重量：≥1 000 kg； (2) 调节行程：−10 cm～［（$L_{5高}$−$L_{5低}$）＋30 cm］； (3) 油缸同步缩伸	无锡丰瑞
卸粮板打开油缸	4个	(1) 提升重量：≥100 kg； (2) 调节行程：−5 cm～［（$L_{6开}$−$L_{6关}$）＋10 cm］； (3) 油缸同步缩伸	无锡丰瑞
液压控制台	1套	(1) 液压显示屏、马达转速时显示，转速触屏可调； (2) 左、右手柄控制液压马达行走； (3) 手柄按钮控制液压马达转速	小松-8M0 系列 显示屏与操控手柄
多路控制阀	1套	(1) 手动辅助调节液压油缸升降； (2) 手动辅助调节液压马达转速	丹麦丹佛斯
液压油箱	1套	液压容量：≥120 L	扬州华远

　　鲜食大豆收获机整机液压原理如图 7-28 所示，整个液压系统由行走马达、脱荚滚筒驱动马达、毛刷扶禾、压辊驱动马达、物料输送装置驱动马达、叶片风选驱动马达、绞龙及茎秆-豆荚滚轮清选驱动马达、茎秆-豆荚物粒旋扫马达，毛刷调节油缸、挡料板微调油

缸、脱荚滚筒主提升油缸、脱荚滚筒副提升油缸、粮箱主举升油缸、卸粮板打开油缸，以及液压控制台、多路控制阀、液压油箱等组成。开式泵通过主控阀控制脱荚、输送、清选等执行马达工作，主控阀为电比例控制阀，阀片并联单独控制各执行马达，主控阀包括：电比例多路阀、二次压力控制阀片、先导压力控制阀片、系统压力控制阀片、主阀芯等，电磁阀插头等过主阀芯改变电流，控制电比例主阀流量与压力，进而控制执行马达转速与流量；二次压力控制阀片限制启动等工况条件下压力冲击过大对电比例阀起保护作用；先导压力控制阀与电控元件控制主阀芯流量，电流越大，推动阀芯开合弹簧上升，推动距离越大，流量越大，使之对各执行马达实现实时精量转速控制。液压行走马达采用闭式系统，由电比例阀、主泵＋补油泵、补油溢流阀、系统安全阀等对行走液压马达进行精量控制，主泵＋补油泵形成封闭回路，工作中有溢流现象、能量损失现象，油液并不处于完全密闭状态，且工作中油液温度增高、杂质增加，将小部分油液过滤置换出来，增加补油泵对行走马达进行补油供给，液压马达与制动器一起控制刹车及溜坡制动，行走液压高压前进、低压后退，左右各 1 个，实现整机行走、后退、转向。发动机自带齿轮泵控制各执行油缸升降行程，油缸控制阀组由保持阀、调速阀、制动阀、三位四通阀、卸荷阀等组成，保持阀具有单向流入，工作中电弹簧打开电磁阀不供电，油缸保持原位置，供电则油缸提升；调速阀对油缸提升速度进行调节，卸荷阀发动机启动，油缸不工作，避免烧油或瞬间油压过高。

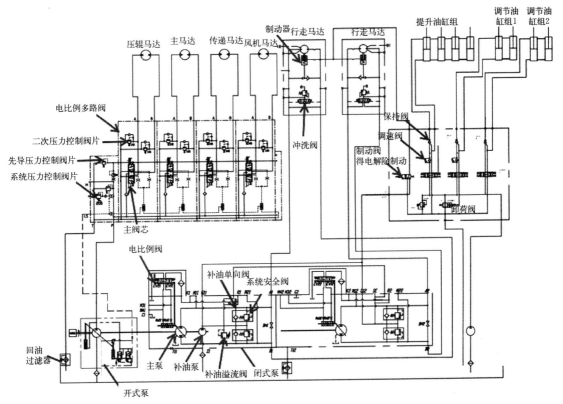

图 7－28　鲜食大豆收获机整机液压原理

7.5.2 液压元件计算

（1）行走装置静液压驱动系统中液压泵和液压马达的计算与选型。鲜食大豆收获机由于整机需要连续工作时间不低于 12 h，长时间行走工作，在兼顾成本情况下，行走系统采用双泵双马达闭式系统，液压马达采用低速大扭矩马达[134-136]。鲜食大豆收获机整机重量，3.5 t；履带驱动轮半径，$r=192.5$ mm；设计工作最高速度，$v=7$ km/h$=1.94$ m/s；最大爬坡度，25°；发动机转速，$n_n=2\,400$ r/min；分配功率，51.5 kW，则行走系统液压马达计算过程如下：

履带驱动轮转速[137-139]：

$$n=\frac{v}{2\pi r}\times 60=\frac{1.94\times 60}{2\times 3.14\times 0.192\,5}=96.3\,(\text{r/min}) \qquad (7-48)$$

式中：v——工作最高速度，m/s；

r——履带驱动轮半径，m。

液压马达与履带驱动轮直联联结，液压马达转速 $n=n_1=n_2=96.3$ r/min，式中 n_1、n_2 分别为左、右液压马达转速。

行走马达为轴向柱塞变量马达，其流量计算公式如下：

$$q_v=\frac{600P\eta_t}{z\Delta p}=\frac{600\times 20\times 0.917}{2\times 350}=15.72\,(\text{L/min}) \qquad (7-49)$$

式中：q_v——行走液压马达流量，L/min；

P——行走分配驱动功率，kW；

z——马达个数；

Δp——液压马达进出口压差，$\times 10^5$ Pa；

η_t——马达总效率，%。

行走液压马达排量 v_g：

$$v_g=\frac{1\,000q_v}{n\eta_v}=\frac{1\,000\times 15.72}{96.3\times 0.93}=175.53\,(\text{mL/r}) \qquad (7-50)$$

式中：v_g——液压马达排量，mL/min；

n——马达转速，r/min；

η_v——马达容积效率，%。

行走液压马达最大扭矩 T 为：

$$T=\frac{v_g\Delta p\eta_{mh}}{20\pi}=\frac{175.53\times 350\times 0.986}{20\times 3.14}=964.58\,(\text{N}\cdot\text{m}) \qquad (7-51)$$

式中：T——液压马达最大输出扭矩，N·m；

η_{mh}——液压马达机械效率，%。

驱动轮最大扭矩为 $T_1=T$，二轮履带最大输出扭矩为 $2T$，输出 1 929.16 N，两条履带最大牵引力为 10 021.6 N，小于 15 425 N 所需 25°最大爬坡力，因此，收获机不能以最高 1.94 m/s 速度爬 25°坡度极限工况。事实上，25°极限工况在大田作物收获时是不存在的，整机爬坡一般也不会以整机设计最高行走速度进行爬坡，鲜食大豆作物收获中整机不会以 7 km/h 的最高速度进行收获。当整机以低于 1.26 m/s 的速度能通过 25°极限工况时，整机液压行走达到设计要求，选用液压马达合理。

整机收获过程中，田间掉头能力也是整机性能的一个重要指标，设计中要求整机具备良好的原地转弯性能。原地转弯阻力计算如下：

$$T_{弯} = C\mu G + 0.06G = 0.7 \times 0.55 \times 35\,000 + 0.06 \times 35\,000 = 136\,785(\text{N})$$

$$(7 - 52)$$

式中：C——调节系数，一般取 $0.7 \sim 0.8$，此处取 0.7；

　　　μ——转弯阻力系数，取值 0.55；

　　　G——机器重力，N。

当牵引力 $F > T_{弯}$，收获机能实现田间原地转弯，当整机以低于 1.26 m/s 速度行驶时，能实现田间原地调头转向。

根据行走马达计算的结果，行走液压马达流量为 15.72 L/min，而发动机转速为 2 400 r/min，所以行走液压柱塞泵排量按式（7 - 50）计算：

$$v_{pg} = \frac{1\,000q_{pv}}{n_p\eta_{pv}} = \frac{1\,000 \times 15.72}{2\,400 \times 0.94} = 6.97(\text{mL/r}) \qquad (7 - 53)$$

式中：v_{pg}——液压柱塞泵排量，mL/r；

　　　q_{pv}——液压柱塞泵流量，L/min；

　　　n_p——液压泵转速（$n_p = n_n$），r/min；

　　　η_{pv}——液压柱塞容积效率，%。

由于波克兰闭式泵最小排量为 6.97 mL/r，故选择波克兰 PM3025 闭式柱塞泵，其排量为 25 mL/r，可以通过限定排量或控制电流大小来实现液压泵供油。

（2）工作机构液压驱动马达的计算与选型。鲜食大豆收获机中还采用了多个工作机构驱动液压马达，包括：脱荚滚筒驱动马达负责对脱荚滚筒动力输出，其与脱荚滚筒直联；毛刷驱动马达负责对毛刷、压辊等动力输出，其与毛刷直联，毛刷由压辊链轮驱动；叶片风选马达驱动风机叶片高速旋转，负责对收获后物料叶片吸抛处理，其与风机驱动轴直联；物料输送装置驱动马达，负责将收获后物料喂入清选系统，其与输送带驱动轴直联；绞龙及茎秆-豆荚滚轮清选驱动马达，负责对收获后茎秆-豆荚进行清选，马达、绞龙、茎秆-豆荚滚轮清选装置通过链轮传动；茎秆、豆荚物料旋扫马达，是对茎秆-豆荚滚轮式清选进行旋转扫动，利于豆荚掉入粮箱。按照与上述行走机构驱动马达类似的方法，确定了其分配功率的大小、进出口压差（即工作压力）、转速范围，并基于此分别计算了它们的最大工作油液流量、排量以及最大输出转矩等，结果见表 7 - 5。根据表 7 - 5 的计算结果，对这些马达进行了选型，如表 7 - 6 所示。

表 7 - 5　各工作机构液压马达功率分配、转速确定及流量、排量和最大输出转矩计算

马达名称	分配功率/ kW	进出口压差/ MPa	容积效率/ %	总效率/ %	最大转速/ (r/min)	流量/ (L/min)	排量/ (mL/r)	最大输出转矩/ (N·m)
行走机构驱动液压马达	20	35	0.93	0.917	96.3	15.72	175.53	964.58
脱荚滚筒驱动马达	14.708	14.5	0.93	0.917	550	55.81	94.37	207
毛刷驱动马达	3.675	14	0.93	0.917	250	14.44	53.72	113.77

（续）

马达名称	分配功率/kW	进出口压差/MPa	容积效率/%	总效率/%	最大转速/(r/min)	流量/(L/min)	排量/(mL/r)	最大输出转矩/(N·m)
叶片风选马达	3.675	14	0.93	0.917	2 000	14.44	6.696	14.18
物料输送装置驱动马达	3.675	14	0.93	0.917	250	14.44	53.72	113.77
绞龙及茎秆-豆荚滚轮清选驱动马达	2.205	14	0.93	0.917	300	8.667	26.86	56.89
茎秆、豆荚物料旋扫马达	0.735	14	0.93	0.917	100	2.89	8.959	18.97

表 7-6　各工作机构液压马达的选型

马达名称	型号	排量/(mL/r)	额定输出转矩/(N·m)	最大输出转矩/(N·m)	生产厂家
脱荚滚筒驱动马达	OMPX 100	97.3	210	260	丹佛斯
毛刷驱动马达	/	51.7	93	118	丹佛斯
叶片风选马达	/	10	30.3	37.8	丹佛斯
物料输送装置驱动马达	/	54.71	93	118	丹佛斯
绞龙及茎秆-豆荚滚轮清选驱动马达	/	27.8	52.4	58	丹佛斯
茎秆、豆荚物料旋扫马达	/	/	/	/	/

（3）工作机构液压系统中液压泵的计算与选型。执行部件工作液压泵主要参数确定，根据各工作马达计算的结果，马达需要的总流量（q_v）为 139.24 L/min；发动机转速（n_p）为 2 400 r/min；容积效率 η_v 为 95%；液压泵排量（v_g）计算公式见式（7-54）。

$$v_{g液压泵} = \frac{1\,000 \times q_{v液压泵} \cdot \eta_v}{n_p} = \frac{1\,000 \times 139.24 \times 0.95}{2\,400} = 55.12 \text{（mL/r）}$$

（7-54）

为将来拓展该液压平台功能，预留输出接口，故选择丹佛斯 JR-R-S65C 开式柱塞泵，负载敏感、恒压控制其最大排量为 65 mL/r。多路阀主要参数确定，根据前面计算结果，选择丹佛斯最大流量为 120 L/min，最大工作压力达 28 MPa，该泵采用负载敏感、电液压比例控制技术。

7.5.3　液压性能测试

2018 年 9 月 18—22 日在常州东风农机集团对自走式鲜食大豆收获机进行整机液压系统性能压力测试、油温测试。压力测试主要包括：静态测试、厂内试验地面低速直线行驶测试、厂内试验地面中速直线行驶测试、厂内试验地面高速直线行驶测试、厂内水泥地面原地转向测试、厂内水泥地面单边转向测试、前进方向高压测试、后退方向高压测试、20% 坡度测试、雨后潮湿地面上原地转向、雨后潮湿地面上单侧转向、雨后潮湿地面上爬土坡；油温测试为工作模式下油温热平衡状态测试，测试样机如图 7-29 所示。

采用专用液压测试设备 MULTI SYSTEM 4010 进行实验测试。该设备具有 12 个通

道（3 个模拟量，1 个频率输入，1 个模拟量/频率输入，2 个数字，5 个 CAN 通道）；5
个可编程通道，用于 CAN、Patrick（颗粒度计数器）和多种计算通道，例如压差或输出；
内存：最多运行 100 组测量，每组最多 1 000 000 个值；"3.5" TFT LCD 彩屏，显示图线
和放大 6 h 的电池使用时间；包含 HYDROcom6 ADVANCED/HYDROlink6 BASE 软件；
测试套盒配置不同的压力、温度和流量传感器等功能。能满足整机各种工况下液压性能压
力、温度等测试，液压测试原理如图 7 - 30 所示。

图 7 - 29　测试样机

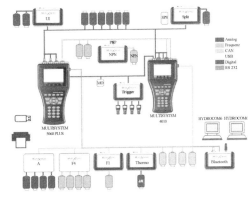

图 7 - 30　液压测试原理

　　测试中，将测试口油管接口卸下封闭，将测试压力传感器与所测马达、泵主油口连
接，压力测试点布置如表 7 - 7 所示。

表 7 - 7　压力测试点布置

序号	测试点	测试位置
1	LA	右履带驱动马达主油口 A
2	LB	左履带驱动马达主油口 B
3	RA	右履带驱动马达主油口 A
4	RB	右履带驱动马达主油口 B
5	G	补油压力
6	X	驻车制动解除压力
7	P_1	泵壳体压力
8	Drain	马达壳体压力

　　厂内试验路压力测试，首先进行整机静态压力测试。保持机器原地静止不动，启动发
动机，先保持在怠速 730 r/min，然后缓慢地增加到最高转速 2 400 r/min，压力测试如
图 7 - 31 所示。

　　发动机在怠速 730 r/min 时补油压力 23×10^5 Pa 左右，发动机在最高转速 2 200 r/min
时补油压力 28×10^5 Pa 左右，泵壳体压力最高 0.7×10^5 Pa，各压力均在正常范围内。

　　第一轮样机液压系统中补油泵吸油负压情况如表 7 - 8 所示，发动机 730 r/min 怠速时
吸油负压 -0.015 MPa，发动机 2 200 r/min 最高转速时吸油负压 -0.035 MPa；将吸油管

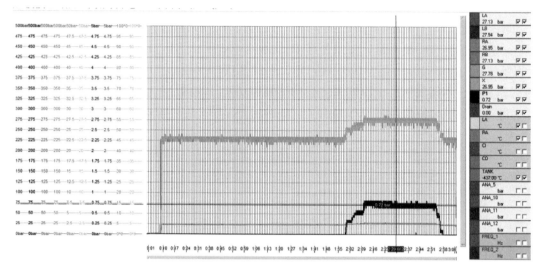

图 7-31 整机静态压力测试曲线

直接插入油箱吸油，发动机 730 r/min 怠速时吸油负压 −0.012 MPa，发动机 2 200 r/min 最高转速时吸油负压 −0.02 MPa。第一轮样机油箱位置较低，不利于补油泵吸油，另外，吸油滤出口的弯头内径偏小，如图 7-32 所示，这会进一步影响吸油。从测试现场结果来看，将吸油管直接插入油箱后吸油情况有改善，最大吸油负压为 −0.02 MPa，刚好满足泵的最低吸油负压要求。因此，将油箱位置提高，加大吸油弯头内径至 DN25，保证吸油负压不超过 −0.02 MPa。

表 7-8 压力测试点布置

	发动机 730 r/min 怠速	发动机 2 200 r/min 最高转速
第一轮样机	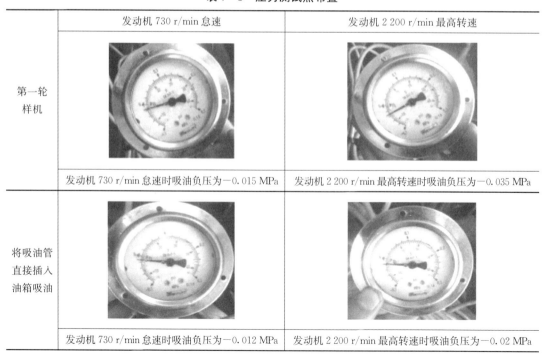	
	发动机 730 r/min 怠速时吸油负压为 −0.015 MPa	发动机 2 200 r/min 最高转速时吸油负压为 −0.035 MPa
将吸油管直接插入油箱吸油		
	发动机 730 r/min 怠速时吸油负压为 −0.012 MPa	发动机 2 200 r/min 最高转速时吸油负压为 −0.02 MPa

整机行走能力是收获机整机的一项关键性
能指标，收获作业中有非收获状态高速行走，
收获状态中间速度行走，泥泞地面行走，满载
负重行走，爬坡行走，原地转向、过埂、田间
调头等。根据实际作业工况测试包括：收获机
低、中、高速厂内专用测试行走及后退压力测
试，收获机厂内专用测试水泥地面单边转向压
力测试，收获机厂内专用测试水泥地面原地转
向压力测试，收获机厂内专用测试水泥地面单
边转向压力测试，收获机厂内专用测试水泥地

吸油弯头
内径偏小

图 7 - 32　吸油弯头位置

面负载牵引前进高压测试，收获机厂内专用测试水泥地面负载牵引后退高压测试，收获机
20％坡度爬坡测试，收获机田间湿土地面原地转向压力测试，收获机湿土地面单侧转向测
试，收获机湿地 20％坡度极限爬坡测试，液压系统油温测试等。

收获机以低速行走、后退时压力测试：第二轮改进液压系统后的样机厂内专用水泥测
试地面 1km/h 低速直线行驶测试。启动发动机，转速提高到 1 500 r/min，驾驶收获机在
厂内专用测试水泥地面上以 1 km/h 直线前进后退行驶，压力测试曲线如图 7 - 33 所示。
测试显示：收获机以低速 1 km/h 直线行走时主回路峰值压力为 13 MPa，平均压力为 6 MPa，
其他压力正常，收获机低速走时略有抖动现象，油压等均正常。

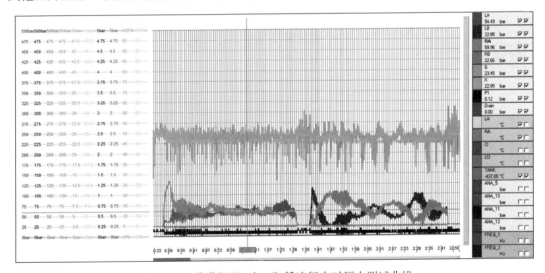

图 7 - 33　收获机以 1 km/h 低速行走时压力测试曲线

收获机以中间速度行走、后退的压力测试：第二轮改进液压系统后的样机在厂内专用测
试水泥地面以 2 km/h 的中间速度直线行驶测试。启动发动机，转速提高到 1 500 r/min，驾
驶收获机在厂内专用测试水泥地面上以中速直线 2 km/h 前进后退行驶，压力测试曲线如
图 7 - 34 所示。测试显示：收获机以中间速度 2 km/h 直线行走，车辆中速直线行走时主
回路峰值压力为 9.3 MPa，平均压力为 6 MPa，其他压力正常，车辆中速行走时略有抖动
现象，油压等均正常。

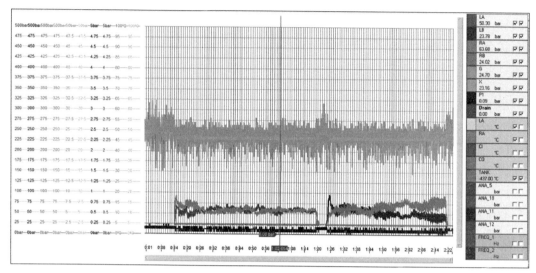

图 7-34 收获机以 2 km/h 中间速度行走的压力测试曲线

收获机以最高速度行走、后退的压力测试：第二轮改进液压系统后的样机在厂内专用测试水泥地面以 3 km/h 的最高速度直线行驶测试。启动发动机，转速提高到 2 200 r/min，驾驶收获机在厂内专用测试水泥地面以 3 km/h 最高速度直线前进后退行驶，测试曲线如图 7-35 所示。测试显示：收获机以最高速度直线 3 km/h 行走时，主回路峰值压力为 15.5 MPa，平均压力为 6 MPa，其他压力正常。收获机在高速行走时平稳，行驶轨迹直线度高，油压等均正常。

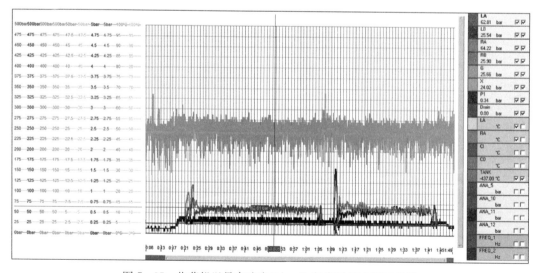

图 7-35 收获机以最高速度 3 km/h 行走时压力测试曲线

收获机厂内专用测试水泥地面原地转向压力测试：第二轮改进液压系统后的样机在厂内专用测试水泥地面原地转向测试。启动发动机，转速提高到 1 500 r/min，驾驶收获机在专用测试水泥地面原地转向，测试曲线如图 7-36 所示。测试显示：收获机在厂内水泥平整地面可以原地转向，主回路平均压力为 16 MPa，峰值压力为 20 MPa，其他压力正常，适合设计要求。

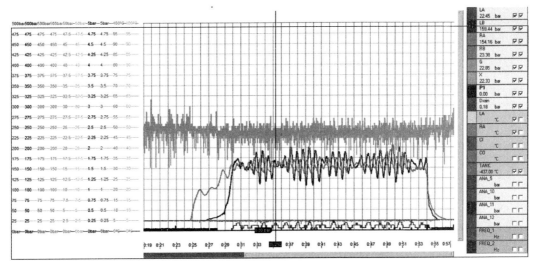

图 7-36　收获机原地转向压力测试曲线

收获机厂内专用测试水泥地面单边转向压力测试：第二轮改进液压系统后的样机在厂内专用测试水泥地面单边转向测试。启动发动机，转速提高到 1 500 r/min，驾驶收获机向前行驶，然后进行单边转向，测试曲线如图 7-37 所示。测试显示：收获机在进行单边转向时行走快的一侧驱动马达的峰值压力为 13.4 MPa 左右，平均压力为 12 MPa，其他压力正常，适合设计要求。

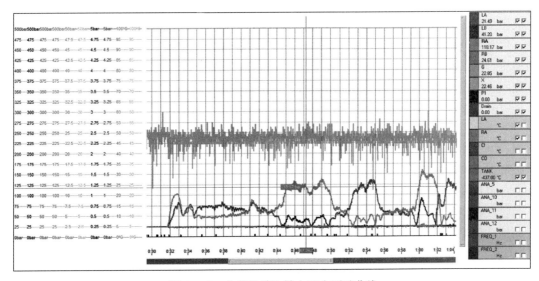

图 7-37　收获机单边转向压力测试曲线

收获机厂内专用测试水泥地面负载牵引前进高压测试：第二轮改进液压系统后的样机在厂内专用测试水泥地面进行牵引东风 2204 拖拉机前进测试。该方式主要是测试前进方向液压件高压，将收获机尾部用钢丝绳紧钮在东风 2204 拖拉机上，启动发动机，转速提高到 1 500 r/min，驾驶收获机向前行驶去拖拽拖拉机，使行走马达主回路达到高压，测试曲线如图 7 - 38 所示。测试显示：在主回路达到溢流压力前履带就已经开始打滑，现场将驻车制动关上。左侧履带行走泵溢流压力为 35.7 MPa，右侧履带行走泵溢流压力为 34.4 MPa，在正常工作范围内。

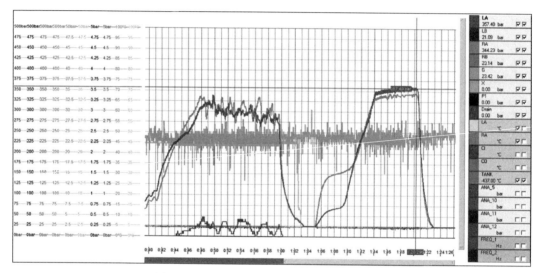

图 7 - 38　收获机负载牵引前进高压测试曲线

收获机厂内专用测试水泥地面负载牵引后退高压测试：第二轮改进液压系统后的样机在厂内专用测试水泥地面进行牵引东风 2204 拖拉机后退测试。该方式主要是测试后退方向液压件高压，将收获机前部用钢丝绳紧钮在东风 2204 拖拉机上。测试时，关上驻车制动，启动发动机，转速提高到 1 500 r/min，驾驶收获机后退行驶，使行走马达主回路达到高压，测试曲线如图 7 - 39 所示。测试显示：左侧履带行走泵溢流压力为 34.95 MPa，右侧履带行走泵溢流压力为 35.7 MPa，在正常工作范围内。

收获机 20% 坡度压力测试：第二轮改进液压系统后的样机在厂内专用测试水泥地面进行 20% 坡度行走测试。测试时，启动发动机，转速提高到 2 200 r/min，驾驶收获机进行 20% 的坡爬测试，在坡上驻车并坡道起步，测试曲线如图 7 - 40 所示。试验显示：收获机可以顺利通过 20% 坡道，爬坡的主回路最高压力为 17.3 MPa，收获机具有较强爬坡能力，可以在 20% 的坡上驻车并成功坡起，油压等均在设计要求范围内。

收获机田间湿土地面原地转向压力测试：第二轮改进液压系统后的样机在泥泞地面进行原地转向测试。测试地面为田间刚下过雨，土地比较松软，行驶阻力比较大。测试时，启动发动机，转速提高到 2 200 r/min，在湿土地上原地转向，测试曲线如图 7 - 41 所示。测试显示：在土地比较湿、转向阻力特别大时车辆会原地转向，行走主回路未达到溢流压力，马达壳体压力最高 0.07 MPa，油压等均在设计要求范围内。

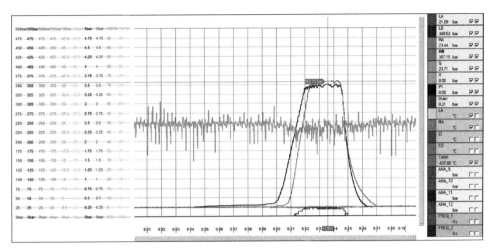

图 7 - 39　收获机负载牵引后退高压测试曲线

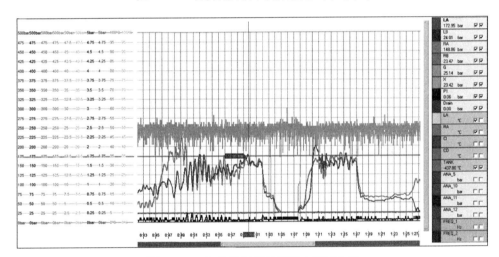

图 7 - 40　收获机 20% 坡度压力测试曲线

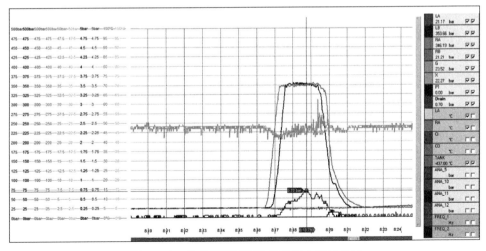

图 7 - 41　收获机田间原地转向压力测试曲线

收获机田间单侧转向测试：第二轮改进液压系统后的样机在泥泞地面进行单侧转向测试。测试时，发动机转速保持在 2 200 r/min，在湿土地上单侧转向，测试曲线如图 7-42 所示。测试显示：收获机在进行单侧转向时转速快的一侧马达最高压力为 30 MPa 左右，行走主回路未达到溢流压力，油压等均在设计要求范围内。

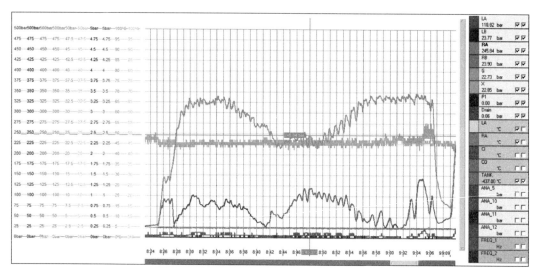

图 7-42　收获机田间单侧转向测试曲线

收获机田间 20％坡度极限爬坡测试：第二轮改进液压系统后的样机在泥泞地面进行单侧转向测试。测试时，发动机转速保持在 2 200 r/min，收获机湿地 20％坡度极限爬坡测试，测试曲线如图 7-43 所示。收获机在湿土地中爬坡最高压力为 23 MPa 左右，其他压力正常，可以在 20％的坡上驻车并成功坡道起步，收获机具有较强爬坡能力，测试各项油压等均在设计要求范围内。

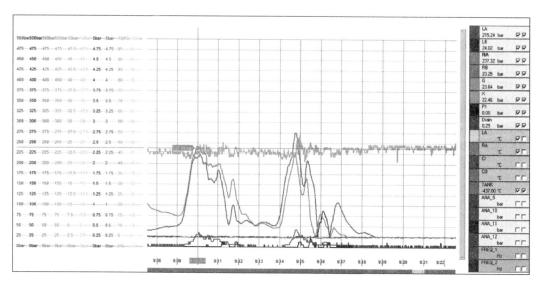

图 7-43　收获机田间 20％坡度极限爬坡测试曲线

液压系统油温测试：液压系统油温的稳定直接关系到收获机稳定工作状态，油温测试点如表 7-9 所示。测试时，在收获机达到热平衡之前，检查油箱液位和散热器是否正常后，再启动机器，在平整地面进行跑车测试，驾驶收获机以最高速度持续高速跑车直到液压油温度达到热平衡，油温测试曲线如图 7-44 所示。从测试曲线上看出，车辆连续高速行驶 32 min 后，液压系统达到热平衡，左右主回路的温度基本一致，其中右侧主回路温度最高为 60.3 ℃，环境温度 40 ℃时的计算温度为 67.3 ℃，液压系统的热平衡非常理想。

表 7-9 油温测试点

序号	测试点	测试位置
1	LA	左侧履带驱动主回路
2	RA	右侧履带驱动主回路
3	TANK	油箱温度
4	TEMP_6	环境温度

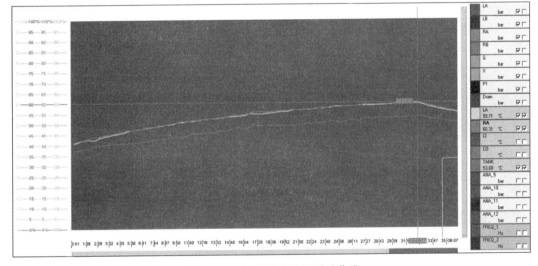

图 7-44 液压系统油温测试曲线

根据液压测试结果，将收获机液压系统进行了进一步优化升级。

（1）补油泵的最大吸油负压达到-0.035 MPa，超过了使用标准-0.02 MPa，这会导致补油泵吸空。建议将油箱位置提高，加大吸油弯接头的内径，保证吸油负压不小于-0.02 MPa。

（2）收获机在低速和中速行走时会出现车速不稳的现象，修改电控程序，提高行驶的平稳性。

7.6 性能试验

7.6.1 试验材料

为了提高 4GQD-160 自走式鲜食大豆收获机的作业效果，针对收获机工作参数进行优化试验，收获机具配套动力为 55.1 kW，作业幅宽 1.6 m，前进速度为 0～1.0 m/s。于 2019 年 10 月 25 日在江苏沿江地区农业科学研究所鲜食大豆种植基地进行田间试验，选取试验对象为萧农秋艳、豆通 6 号，成熟日期一般为 10 月下旬至 10 月底。

7.6.2 试验仪器与方法

Victor 6236P 转速仪，精度为 0.05%＋1；皮尺量程 100 m，精度为 0.01 m；SC 900 土壤硬度计，精度为 0.001 kPa；电子秤量程 100 kg，精度为 0.001 kg；MS - 10 土壤水分速测仪，精度为 0.1%。

测定机器作业性能参照 NY/T 995—2006《谷物（小麦）联合收获机械作业质量》标准，参考上述标准选取：脱荚率≥90%，破碎率≤5% 为收获机作业性能检测标准。

田间试验测试长度≥50 m，收后豆荚脱荚率：在试验田块内，收集起全部落地豆荚、植株未脱荚豆荚、粮箱豆荚后称其重量，豆荚脱荚率的计算公式为：

$$Y_1 = \frac{W_L}{W_L + W_Z} \times 100\% \tag{7-55}$$

式中：Y_1——豆荚脱荚率，%；

$\qquad W_L$——粮箱豆荚总重量，kg；

$\qquad W_Z$——落地与未脱荚豆质总重量，kg。

收后豆荚破损率：随机抽取粮箱内 50 kg 豆荚，将破损豆荚收集称重，则豆荚破损率的计算公式为：

$$Y_2 = \frac{W_U}{50} \times 100\% \tag{7-56}$$

式中：Y_2——豆荚破损率，%；

$\qquad W_U$——破损豆荚重量，kg。

7.7 试验设计

7.7.1 试验结果回归分析

试验采用三因素五水平的二次回归正交旋转组合优化试验方法，试验选取梳齿转速 a_1、轴向最小梳齿间距 a_2、机具前进速度 a_3 为考察因素，脱荚率 Y_1、豆荚破损率 Y_2 为优化目标。试验共进行 17 组，每组试验重复进行 3 次，取 3 次测试结果的平均值作为试验结果。试验因素和水平编码、试验方案及结果分别如表 7 - 10、表 7 - 11 所示。

表 7 - 10 试验因素水平表

编码	因素		
	梳齿转速 a_1/(r/min)	轴向最小梳齿间距 a_2/mm	机具前进速度 a_3/(m/s)
1.682	500	4.8	0.85
1	440	4.5	0.7

（续）

编码	因　素		
	梳齿转速 a_1/(r/min)	轴向最小梳齿间距 a_2/mm	机具前进速度 a_3/(m/s)
0	380	4.1	0.65
−1	340	3.8	0.5
−1.682	280	3.5	0.35

表 7 - 11　试验设计方案及结果

试验序号	梳齿转速 a_1/(r/min)	轴向最小梳齿间距 a_2/mm	机具前进速度 a_3/(m/s)	脱荚率 Y_1/%	破损率 Y_2/%
1	500	4.15	0.50	96.7	5.97
2	390	4.15	0.68	94.2	4.23
3	390	3.50	0.85	95.1	4.57
4	280	4.15	0.85	90.4	1.48
5	390	4.80	0.85	93.1	3.21
6	500	4.15	0.85	96.4	5.81
7	390	4.80	0.50	93.8	2.43
8	390	4.15	0.68	92.7	2.31
9	280	3.50	0.68	91.2	1.72
10	390	4.15	0.68	92.4	2.32
11	390	4.15	0.68	92.9	2.34
12	500	3.50	0.68	97.2	6.37
13	280	4.80	0.68	88.8	1.41
14	390	3.50	0.50	94.5	4.23
15	500	4.80	0.68	95.8	5.82
16	280	4.15	0.50	90.4	1.57
17	390	4.15	0.68	93.8	4.19

通过 Design - Expert 软件进行方差分析如表 7 - 12 所示，得到分别以脱荚率、破损率为响应函数，以各影响因素为自变量的编码回归数学模型，见式（7 - 57）和式（7 - 58）。

$$Y_1 = 103.048 + 0.036\ 21a_1 - 7.560\ 8a_2 - 12.256a_3 + 3.496\ 5 \times 10^{-3}a_1a_2 -$$
$$3.896 \times 10^{-3}a_1a_3 - 2.857a_2a_3 - 2.479 \times 10^{-5}a_1^2 + 0.828a_2^2 + 18.776a_3^2$$

$$(7 - 57)$$

$$Y_2 = 20.819 - 3.068\ 52 \times 10^{-3}a_1 - 7.527 \times a_2 - 12.062\ 9a_3 - 8.39 \times 10^{-4}a_1a_2 -$$
$$9.091 \times 10^{-4}a_1a_3 + 0.967a_2a_3 + 3.51 \times 10^{-5}a_1^2 + 0.774\ 6 \times a_2^2 + 6.686a_3^2$$

$$(7 - 58)$$

式中：a_1——梳齿转速，r/min；

$\quad\quad a_2$——轴向最小梳齿间距，mm；

$\quad\quad a_3$——机具前进速度，km/h。

脱荚率 Y_1、破损率 Y_2 试验结果方差分析，如表 7 - 12 所示。回归方程模型结果表明：脱荚率 Y_1、破损率 Y_2 分别为 $p<0.0001$，$p<0.01$，表明 Y_1、Y_2 模型的 F 检验均显著，两个回归方程模型均显著。

表 7 - 12　方差分析

试验指标	方差来源	平方和	自由度	均方	F 值	p 值
	模型	88.27	9	9.81	26.84	0.0001
	残差	2.56	7	0.37		
Y_1	失拟	0.22	3	0.073	0.12	
	误差	2.34	4	0.58		
	模型	43.27	9	4.81	6.49	0.01
	残差	5.1	7	0.74		
Y_2	失拟	0.91	3	0.30	0.28	
	误差	4.27	4	1.07		

7.7.2　试验因素交互作用对脱荚率的影响

分析当梳齿转速 a_1（$a_1=380$ r/min）、轴向最小梳齿间距 a_2（$a_2=4.1$ mm）、机具前进速度 a_3（$a_3=0.65$ m/s）固定在 0 水平时，a_2 与 a_3，a_1 与 a_3，a_1 与 a_2 之间的交互作用对脱荚率的影响规律如图 7 - 45（a）至图 7 - 45（c）所示，脱荚率与梳齿转速呈正响应增大，梳齿间距、机具前进速度呈负响应增加；其中梳齿转速 a_1 对响应曲面改变较快，梳齿距离 a_2 对响应曲面改变适中，机具前进速度 a_3 对响应曲面变化较慢；滚筒梳齿转速对脱荚率的影响最为显著，梳齿转速次之，机器前进速度再次之。

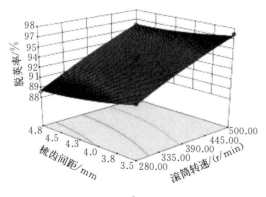

a

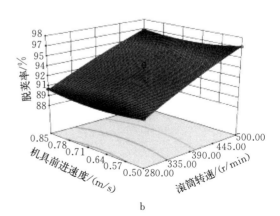

b

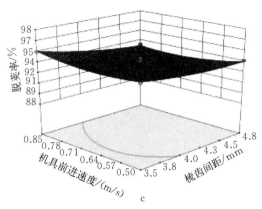

图 7-45　试验因素对脱荚率的影响

a. Y_1（380，a_2，a_3）　b. Y_1（a_1，4.1，a_3）　c. Y_1（a_1，a_2，0.65）

7.7.3　试验因素交互作用对破损率的影响分析

分析当梳齿转速 a_1（x_1＝380 r/min）、轴向最小梳齿间距 a_2（x_2＝4.1 mm）、机具前进速度 a_3（a_3＝0.65 m/s）固定在 0 水平时，a_2 与 a_3、a_1 与 a_3、a_1 与 a_2 之间的交互作用对破损率的影响规律如图 7-46（a）至图 7-46（c）所示，破损率与梳齿转速呈正响

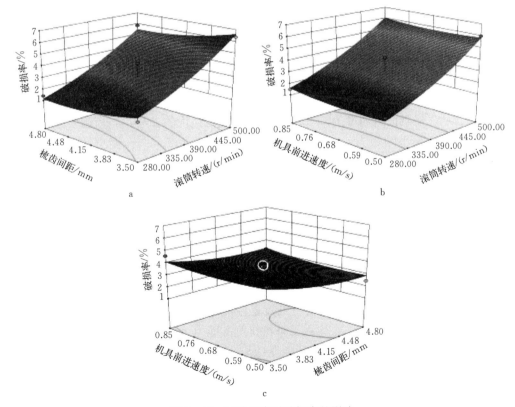

图 7-46　试验因素对破损率的影响

a. Y_2（380，a_2，a_3）　b. Y_2（a_1，4.1，a_3）　c. Y_2（a_1，a_2，0.65）

应增大，梳齿间距、机具前进速度呈负响应增加；其中梳齿转速 a_1 对响应曲面改变较快，梳齿距离 a_2 对响应曲面改变适中，机具前进速度 a_3 对响应曲面变化较慢；滚筒梳齿转速对脱荚率的影响最为显著，梳齿转速次之，机器前进速度再次之。

7.8 试验分析与参数分析

7.8.1 试验分析

综合分析，较高的脱荚率与较高破损率同时存在，当梳齿转速、轴向最小梳齿间距、机具前进速度3个因素与脱荚率、损伤率影响总体趋势为：梳齿转速越高，梳齿间距越小，机具前进速度越低，脱荚率越高，损伤率越高。原因分析：滚筒梳齿与鲜食大豆植株交互作用中，梳齿高速旋转对豆荚撞击，形成梳刷脱荚，同时也造成豆荚破损。滚筒梳齿转速越高，梳齿与鲜食大豆撞击线速度越大，收获中鲜食大豆豆荚所受撞击力越大，易于脱荚，但也易形成破损；梳齿间距、机具行走速度越小，梳齿与鲜食大豆豆荚撞击次数增加，脱荚率、破损率同时提高。随着滚筒梳齿转速增加，梳齿间距变小，机具行走速度变小，豆荚撞击力与撞击次数呈正比例增长，而实际上收获中应获取最大脱荚率、最小破损率。

7.8.2 参数分析

本文以高脱荚率、低破损率为优化目标，进行自走式鲜食大豆收获机的核心参数优化。应用 Design‑Expert 软件建立两个指标的二次回归优化分析模型，约束条件为：①目标函数：$Y_1 \to Y_{1max} \geqslant 94\%$；$Y_2 \to Y_{2min} \leqslant 4\%$。②影响因素约束条件：$a_1 \in [-1, 1]$，滚筒梳齿转速为 $340 \sim 440$ r/min；$a_2 \in [-1, 1]$，轴向最小梳齿间距为 $3.8 \sim 4.5$ mm；$a_3 \in [-1, 1]$，机具前进速度为 $0.5 \sim 0.7$ m/s。优化最优的参数：当梳齿转速为 397.36 r/min，梳齿轴向最小间距为 4.8 mm，机具前进速度为 0.5 m/s，模型预测的脱荚率为 94%，破损率为 3.04%。

7.9 本章小结

（1）本章提出了自走式鲜食大豆收获机底盘设计的原则与基本要求，设计了履带闭式静液压前驱式行走底盘；提出了履带行驶的驱动与附着条件，建立了地面摩擦阻力 F_f、空气阻力 F_w、坡度阻力 F_i 等力学方程，以及影响鲜食大豆收获机行走性能的因素；进一步建立了影响分析、评价鲜食大豆收获机行走性能的指标（驱动力、通过性能、爬坡能力、抗侧翻能力、爬坡能力），并建立了整机抗侧翻能力、爬坡能力的力学评价方程。

（2）重点进行了整机各功能部件功耗设计与计算，其中包括：脱荚消耗的功率、物料颗粒输送功率、叶片负压清选消耗功率、绞龙输送与茎秆-豆荚滚轮式清选消耗功率、茎秆-豆荚物粒旋扫装置消耗功率等，并进一步设计了各功能模块数字化模型，风机除杂优化试验及各功能模块布局。

（3）根据各功能部件功耗、转速要求，选型设计了收获机整机液压原理图，其中包括：行走马达、脱荚滚筒驱动马达、毛刷扶禾、压辊驱动马达、物料输送装置驱动马达、叶片风选驱动马达、绞龙及茎秆-豆荚滚轮清选驱动马达、茎秆-豆荚物粒旋扫马达，毛刷调节油缸、挡料板微调油缸、脱荚滚筒主提升油缸、脱荚滚筒副提升油缸、粮箱主举升油缸、卸粮板打开油缸，液压控制台、多路控制阀、液压油箱等，计算了各执行液压马达流量、液压马达排量、液压马达最大扭矩。

（4）对第一轮样机整机液压系统性能进行压力测试、油温测试。压力测试主要包括：静态测试、厂内试验地面低速直线行驶测试、厂内试验地面中速直线行驶测试、厂内试验地面高速直线行驶测试、厂内水泥地面原地转向测试、厂内水泥地面单边转向测试、前进方向高压测试、后退方向高压测试、20％坡度测试、雨后潮湿地面上原地转向、雨后潮湿地面上单侧转向、雨后潮湿地面上爬土坡；油温测试为工作模式下油温热平衡状态测试。测试结果显示，整机满足设计各项指示要求，各液压件压力正常，适合设计要求。

第8章 田间试验

8.1 成果应用情况

目前，全国鲜食大豆种植面积约 1 500 万亩，亩产量 0.7～0.8 t/亩，产量约 1 050 万 t，市场价格约 6 元/kg，年产值约 630 亿元。仅江苏省鲜食大豆的种植面积约 103.05 万亩，亩产量 0.7～0.8 t/亩，产量约 72.135 万 t，年产值约 43.28 亿元（上述数据以产量 0.7 t/亩计算，相对较为保守）。且近几年鲜食大豆种植面积稳定发展，稳中有升，逐年攀升，2017 年种植面积保守估计突破 1 550 万亩，且鲜食大豆种植面积相对集中，主要产区为浙江、江苏、湖北、安徽、黑龙江、青海等省份，近几年规模化、连片化种植趋势非常明显。近年来，随着我国农业产业结构的调整，以鲜食大豆为代表的结荚豆类作物的种植面积急剧上升，采摘需要投入大量的劳动力，完全依靠人工完成，严重制约了我国产业的发展。因此，研究一种鲜食大豆收获机械，解决我国鲜食大豆的收获难题，对于加快鲜食大豆等特色经济作物的发展具有重要意义。

2015 年根据课题需要，与国内农机企业签订了合作协议，共同开发适用于鲜食大豆的收获机，经过 4 年的设计和试验研究，4GQD-160 多行自走式鲜食大豆收获机研制成功，如图 8-1 所示。

本项目围绕农村产业结构调整、供给侧结构性改革等问题，面向家庭承包经营个体、专业种植大户、家庭农场、农民合作社、农业产业化龙头企业；研制一款多行自走式鲜食大豆收获机，重点突破闭式静液压行走控制技术，全液压多驱动控制技术，螺

图 8-1 4GQD-160 多行自走式鲜食大豆收获机

旋梳刷低损伤脱荚技术，高效荚秆叶输送、风筛技术，解决以鲜食大豆为代表的鲜食结荚豆类作物的收获问题。通过对鲜食大豆作物收获关键技术的研究、核心零部件的开发和整机的创制，将填补江苏及我国鲜食大豆作物产品品种空白。同时可使得江苏省及我国农机制造企业突破欧美、日本等发达国家对该技术的壁垒，进而保障国外市场占有率，并为拓展新的高端市场提供可能。同时也利于鲜食豆类种植户农业规模化经营和机械化收获等社会化服务，有利于鲜食大豆作物高效生产，保障该产业健康、稳定、连续

发展。该机能适用于一垄三行及一垄四行种植模式下鲜食大豆作物收获，整机作业幅宽 1.6 m，配套 75 马力动力，采用全液压驱动方案，能一次完成脱荚、农料输送、豆荚清选、收集等作业。

8.2　4GQD‐160 多行自走式鲜食大豆收获机主要技术参数

4GQD‐160 多行自走式鲜食大豆收获机主要技术参数如表 8‐1 所示。

表 8‐1　4GQD‐160 多行自走式鲜食大豆收获机主要技术参数

项　目		单位	设计值
型号规格		/	4GQD‐160
发动机额定功率		kW	55.125
发动机额定转速		r/min	2 200
外形尺寸（长×宽×高）		mm	4 200×1 600×2 800
结构重量		kg	2 800
工作行数		行	1
适用范围		/	一垄三行、一垄四行种植模式均可
工作幅宽		mm	1 600
最低脱荚高度		cm	10
履带中心距离		mm	1 150
燃油箱容量		L	62
最低离地间隙		mm	220
履带平均接地压强		kPa	20.3
脱荚方式		/	梳刷脱荚
理论作业速度		km/h	0～3
作业小时生产率		hm²/h	0.15～0.3
物粒输送方式		/	全幅宽槽板式输送
单位面积燃油消耗量		kg/hm²	≤25
风扇	型式	/	轴流式
	直径	mm	700
	数量	个	3
扶禾毛刷	型式	/	螺旋毛刷式
	直径	mm	350
	毛刷个数	个	2
驱动方式		/	全液压驱动
行走方式		/	闭式液压履带前驱动
清选方式		/	风机＋滚轮组合清选
卸粮方式		/	液压举升卸粮
粮箱载重		kg	500～600

（续）

项　目	单位	设计值
物料输送绞龙型式	/	螺旋扒齿式
转向距离	mm	2 500
爬坡度	%	20
行走速度	km/h	0～6（无级可调）
操纵方式	/	电液手柄
液压油箱容量	L	300

8.3　田间试验

8.3.1　鲜食大豆收获机田间试验方法

（1）测定区全部收获区域内，等间隔取三点，每点连续测 10 株最低脱荚高度，测量植株最低未脱荚豆荚至地面的高度，求出平均值[140-141]。

（2）收获效率。在单位时间内收获机的收获面积为收获效率，计算公式为：

$$P = \frac{A \cdot L}{t} \tag{8-1}$$

式中：P——收获效率，m^2/s；

　　　A——收获机幅宽，m；

　　　L——收获机测试行走距离，m；

　　　t——通过测区时间，s。

（3）机器前进（作业）速度测定。与喂入量同时测定，作业速度计算公式为：

$$v = \frac{L}{t} \tag{8-2}$$

式中：L——测区长度，m；

　　　v——作业速度，m/s。

（4）收后豆荚漏采率。在测区内，收集起全部落地豆荚和植株未脱荚豆荚后称其重量，豆荚漏采率的计算公式为：

$$S_L = \frac{W_L}{W_L + W_Z} \times 100\% \tag{8-3}$$

式中：S_L——豆荚漏采率，%；

　　　W_L——漏采豆荚总重量，kg；

　　　W_Z——收获豆荚总重量，kg。

（5）收后豆荚破损率。随机抽取粮箱内 10 kg 豆荚，将破损豆荚收集称重，则豆荚破损率的计算公式为：

$$S_U = \frac{W_U}{W_U + W_Z} \times 100\% \tag{8-4}$$

式中：S_U——豆荚破损率，%；

W_U——破损豆荚重量，kg；

W_Z——无损伤豆荚重量，kg。

（6）收后含杂率。随机抽取粮箱内 10 kg 收获对象，将茎秆、叶片等与豆荚人工分离，记录茎秆、叶片重量、豆荚重量、含杂率的计算公式为：

$$B = \frac{G_1 + G_2}{G_1 + G_2 + G_3} \times 100\% \tag{8-5}$$

式中：B——收后含杂率，%；

G_1——收后叶片重量，kg；

G_2——收后茎秆重量，kg；

G_3——收后豆荚重量，kg。

8.3.2 4GQD–160 多行自走式鲜食大豆收获机田间试验

2017 年，课题组分别在江苏常熟碧溪出口蔬菜示范园横塘蔬菜基地、江苏沿江地区农业科学研究所鲜食大豆种植基地对 4GQD–160 多行自走式鲜食大豆收获机进行了田间收获性能试验，试验测试方法参照 NY/T 995—2006《谷物（小麦）联合收获机械作业质量》进行，试验图片见图 8-2 至图 8-4。

图 8-2 4GQD–160 多行自走式鲜食大豆收获机田间试验

图 8-3 收获后豆荚室内清选

图 8-4 收获后的鲜食大豆植株

田间试验数据如表 8-2 和表 8-3 所示。

表 8 - 2　田间作物测量

品种	项目	h_1（株高）/ cm	h_2（荚底高度）/ cm	茎秆直径/ mm	单荚鲜重/ g	单株结荚数/ 个	荚长/ cm	荚宽/ cm	亩产量/ kg
萧农 秋艳	最大值	82.5	22.5	6.8	4.4	23	4.8	1.8	780
	最小值	41.2	5.9	3.5	3.1	65	7.2	1.4	950
	平均值	58.26	13.49	5.38	3.91	42.4	5.95	1.58	780~950
豆通 6号	最大值	59.8	25.5	4.8	4.8	49	7.5	1.8	1 000
	最小值	37.2	9.4	6.5	3.3	18	4.8	1.2	800
	平均值	47.89	14.48	5.61	4.16	30.9	5.96	1.52	800~1 000

表 8 - 3　2017 年机器作业过程测定

品种	项目	测定点					平均值
		1	2	3	4	5	
萧农秋艳	脱荚最低高度/cm	9.8	10	7.8	5.9	11.5	9.0
	收获效率/（亩/h）	2.63	2.71	2.65	2.64	2.62	2.65
	漏采率/%	5.3	4.8	6.5	4.8	5.3	5.34
	破损率/%	2.7	2.8	3.5	4.2	1.1	2.86
	含杂率/%	9.8	7.5	6.7	7.8	6.4	7.64
豆通6号	脱荚最低高度/mm	13.7	14.2	10.4	12.3	10.5	12.22
	收获效率/（亩/h）	2.64	2.72	2.65	2.63	2.65	2.658
	漏采率/%	4.2	4.1	3.8	4.3	5.1	4.3
	破损率/%	2.1	2.3	3.1	3.4	1.1	2.4
	含杂率/%	8.7	7.5	6.9	7.4	8.4	7.78

试验结果分析：

由表 8 - 2 和表 8 - 3 可以得出，该机在江苏常熟碧溪出口蔬菜示范园横塘蔬菜基地、江苏沿江地区农业科学研究所鲜食大豆种植基地两种品种的田间试验表明，4GQD - 160 多行自走式鲜食大豆收获机能满足江苏地区萧农秋艳与豆通 6 号两个品种收获，收获效率为 2.65 亩/h；漏采率为 4.3%～5.34%；破损率为 2.4%～2.86%；含杂率为 7.64%～7.78%。豆荚漏采率、破损率、含杂率、收获效率均能满足农户要求，样机非常受市场欢迎。

8.4　田间试验与结论

8.4.1　田间试验

本试验于 2020 年 6 月 28 日在江苏常熟碧溪出口蔬菜示范园横塘蔬菜基地、江苏沿江地区农业科学研究所鲜食大豆种植基地进行了田间试验，如图 8-5、图 8-6 所示。

图 8-5 4GQD-160 自走式鲜食大豆收获机田间试验

a b

图 8-6 收获效果

a. 收后豆荚 b. 收后植株

田间试验选取参数组合为：梳齿转速为 397.36 r/min，梳齿轴向最小间距为 4.8 mm，机具前进速度为 0.5 m/s。试验共分 5 组进行，试验结果取平均值，如表 8-4 所示。4GQD-160 自走式鲜食大豆收获机针对萧农秋艳与豆通 6 号两个品种收获田间试验表明：在上述参数下，该机收获效率>0.187 hm²/h，脱荚率>90%，破损率<4.5%，含杂率<7.8%。试验结果表明联合作业机的作业效果满足设计要求。

表 8-4 2020 年机器作业过程测定

品种	项目	测定点					平均值
		1	2	3	4	5	
萧农秋艳	最低结荚高度/cm	9.8	10	7.8	5.9	11.5	9.0
	收获效率/(hm²/h)	0.186	0.187	0.186	0.187	0.188	0.187
	脱荚率/%	91.4	91.7	92.1	91.5	91.3	91.6
	破损率/%	4.2	4.4	4.6	4.5	4.7	4.48
	含杂率/%	9.8	7.5	6.7	7.8	6.4	7.64

品种	项目	测定点					平均值
		1	2	3	4	5	
豆通6号	最低结荚高度/cm	13.7	14.2	10.4	12.3	10.5	12.22
	收获效率/(hm²/h)	0.187	0.189	0.187	0.188	0.189	0.188
	脱荚率/%	90.8	91.2	91.3	90.5	90.7	90.9
	破损率/%	3.8	3.9	4.1	4.2	3.7	3.94
	含杂率/%	8.7	7.5	6.9	7.4	8.4	7.78

8.4.2 结论

（1）本文针对鲜食大豆机械化收获的问题，设计了一种自走式鲜食大豆收获机，并对整机关键部件进行了设计，设计了全液压驱动控制系统、滚筒梳刷装置、静液压行走底盘、物料清选装置等，该机具能一次完成脱荚、农料输送、豆荚清选、收集、卸荚等作业工序，大幅度提高了鲜食大豆作物机械化收获效率。

（2）分析了脱荚运动过程，提出了滚筒梳齿分布原则，设计了前悬挂梳刷脱荚滚筒。通过响应曲面试验研究，分析了梳齿转速、轴向最小梳齿间距、机具前进速度3个因素与脱荚率、损伤率的影响趋势，建立了试验指标对3个因素水平的二次多项响应模型：各试验因素下滚筒转速对脱荚率、破损率的影响比机器、梳齿间距影响显著。

（3）通过 Design-Expert 软件对试验结果进行优化，得到最优参数：梳齿转速为 397.36 r/min，梳齿轴向最小间距为 4.8 mm，机具前进速度为 0.5 m/s。

（4）根据最优参数组合进行田间试验，针对萧农秋艳与豆通6号两个品种收获田间试验表明：在上述参数下，该机收获效率＞0.187 hm²/h，脱荚率＞90%，破损率＜4.5%，含杂率＜7.8%。试验结果表明，4GQD-160 自走式鲜食大豆收获机的作业效果满足设计要求。

8.5 本章小结

本章主要进行了 4GQD-160 多行自走式鲜食大豆收获机的田间试验研究，试验测试方法参照 NY/T 995—2006《谷物（小麦）联合收获机械作业质量》进行。4GQD-160 多行自走式鲜食大豆收获机能满足江苏地区萧农秋艳与豆通6号两个品种收获，收获效率为 2.65 亩/h；漏采率为 4.3%～5.34%；破损率为 2.4%～2.86%；含杂率为 7.64%～7.78%。豆荚漏采率、破损率、含杂率、收获效率均能满足农户要求。

第 9 章 结论与展望

9.1 结论

本文以适用于多行种植模式作业的自走式鲜食大豆收获机为研究对象，系统研究了鲜食大豆豆荚挤压力学特性，鲜食大豆收获期植株的基本特性，基于鲜食大豆植株力学特性试验和立式辊脱荚试验台试验结果，设计了滚筒梳刷脱荚装置；基于 EDEM 离散元技术，对梳刷齿与物料颗粒单元连续交互作用过程进行了仿真模拟；依据鲜食大豆收获机整机设计原则，对整机底盘、液压系统、物料清选系统等进行了数字化设计及液压性能测试；最终研制了 4GQD-160 多行自走式鲜食大豆收获机，并进行了田间试验验证。取得的研究结论主要包括以下几个方面：

（1）鲜食大豆豆荚挤压力学特性测试与有限元分析，结果表明：在同等外载条件下，B 型和 L 型加载下，萧农秋艳破碎负载、最大变形、弹性模量均略大于豆通 6 号，萧农秋艳抵抗变形、抗破坏的能力稍大于豆通 6 号。B 型抵抗变形、抗破坏的能力明显强于 L 型。含水率对籽粒破碎负载力、弹性模量、最大变形均有影响，且不受品种影响，含水率越高，3 项参数越小。含水率为 58.4％的籽粒相比较含水率为 64.8％的籽粒，各项参数均变小。有限元分析法给出了鲜食大豆荚果 B 型、籽粒 B 型与 L 型的力-变形曲线，与试验曲线比较，三者较为一致，其相关系数均达到 0.91 以上。

（2）鲜食大豆收获期植株基础特性研究，结果表明：不同品种、不同位置的鲜食大豆籽粒、茎秆、叶片、荚壳含水率较为接近，其中叶片、籽粒含水率略高。萧农秋艳茎秆平均含水率为 76.03％；籽粒平均含水率为 80.22％；荚壳平均含水率为 67.90％；叶片平均含水率为 90.27％。豆通 6 号茎秆平均含水率为 75.83％；籽粒平均含水率为 80.48％；荚壳平均含水率为 67.74％；叶片平均含水率为 90.24％。茎秆受力过程中，基本满足拉伸实验弹性变形阶段、屈服阶段、强化阶段、压缩破碎阶段要求；茎秆承受拉力范围为 52～297 N，断裂拉伸位移范围为 1.5～2.3 mm，最大抗拉力与茎秆直径成正比，根据应力-应变曲线可知，茎秆弹性模量为 311～853 MPa。果柄承受拉力范围为 4.8～21 N，断裂拉伸位移范围为 3.5～5.1 mm。茎秆受压过程中茎秆明显变形，轴向变小，径向变大，且挤压过程中茎秆有水分挤出；根据应力-应变曲线可知，茎秆受压，弹性模量为 263～720 MPa。

（3）研制了立式辊结构鲜食大豆分离试验装置。确定脱荚辊转速、喂料速度、辊间距为主要影响因素，并针对萧农秋艳、豆通 6 号品种开展试验研究。结果表明：作物品种对脱荚率与破损率影响较小，影响综合指标的主次因素排列顺序为：脱荚辊转速、喂料速度、辊间距，最优参数组合为脱荚辊转速 600 r/min，辊间距 18 mm，喂料速度 0.3 m/s，此时脱荚率为 99.0%，破损率为 2.4%，该试验为滚筒梳刷参数获取提供了指导。

（4）通过模拟收获机实际收获作业工况中组合因素对比分析，分析不同时刻豆荚颗粒分布图、滚筒脱落数量随时间变化曲线图、颗粒受力分布曲线、颗粒速度云图等。根据鲜食大豆收获机实际田间收获情况，分析了脱荚滚筒 200 r/min 时，颗粒生成 200 个/s、300 个/s、500 个/s 状态；脱荚滚筒 300 r/min 时，颗粒生成 200 个/s、300 个/s、500 个/s 状态；脱荚滚筒 500 r/min 时，颗粒生成 200 个/s、300 个/s、500 个/s 状态等 9 种工况下物料颗粒单元与梳刷齿交互作用情况。分析结果表明：脱荚滚筒 300 r/min 条件下，豆荚落地率、豆荚破损率有最优表现，为整机脱荚滚筒设计与定型提供了科学指导意义，为鲜食大豆脱荚过程分析和鲜食大豆收获机的优化设计建立了一种新方法。

（5）设计了履带闭式静液压前驱式行走底盘，提出了履带行驶的驱动与附着条件，建立了整机抗侧翻能力、爬坡能力的力学评价方程。进行了整机各功能部件功耗设计与计算，选型设计了收获机整机液压原理图。对第一轮样机整机液压系统进行性能压力测试、油温测试。压力测试主要包括：静态测试、厂内试验地面低速直线行驶测试、厂内试验地面中速直线行驶测试、厂内试验地面高速直线行驶测试、厂内水泥地面原地转向测试、厂内水泥地面单边转向测试、前进方向高压测试、后退方向高压测试、20%坡度测试、雨后潮湿地面上原地转向、雨后潮湿地面上单侧转向、雨后潮湿地面上爬土坡；油温测试为工作模式下油温热平衡状态下测试。测试结果显示，整机满足设计各项指示要求，各液压件压力正常，适合设计要求。

（6）与企业合作研制了 4GQD-160 多行自走式鲜食大豆收获机能满足江苏地区萧农秋艳与豆通 6 号两个品种收获，收获效率为 2.65 亩/h；漏采率为 4.3%～5.34%；破损率为 2.4%～2.86%；含杂率为 7.64%～7.78%。豆荚漏采率、破损率、含杂率、收获效率均能满足农户要求。

9.2 创新点

本文的创新点主要有以下几个方面：

（1）分析了鲜食大豆植株在脱荚过程中的受力和运动情况，建立了鲜食大豆豆荚和茎秆刚柔模型、鲜食大豆植株与脱荚梳齿交互作用模型。提出了鲜食大豆收获机脱荚性能评价指标，以鲜食大豆植株的几何和力学特性参数为基础，研究了收获过程中物料颗粒单元的受力和运动规律，为青豌豆、红线辣椒等颗粒类作物收获提供了设计参考与理论指导。

（2）试验研究了收获期鲜食大豆植株力学特性，并结合鲜食大豆种植农艺，提出了多行自走式鲜食大豆收获机的工程设计方法。通过鲜食大豆豆荚挤压力学特性测试与有限元分析、立式辊结构鲜食大豆分离多因素组合试验、物料颗粒 EDEM 脱荚分析优化等方式研究了鲜食大豆脱荚机理，解析了鲜食大豆脱荚动、静态过程，确定了滚筒脱荚机构的结构参数和运动参数的设计方法，鲜食大豆收获机行走、物流及传动机构的设计方法。

（3）研制了一种多行自走式鲜食大豆收获机整机及脱荚关键工作部件的性能试验装置，实现了低损、低破碎鲜食大豆收获。采用闭式静液压行走控制技术，全液压多驱动控制技术，滚筒梳刷低损伤脱荚技术，高效荚秆叶输送、风筛技术，解决以鲜食大豆为代表的鲜食结荚豆类作物收获问题。该机能适用于一垄三行及一垄四行种植模式下鲜食大豆作物收获，能一次完成脱荚、农料输送、豆荚清选、收集等作业。

9.3　展望

本文的研究工作虽然取得了较大突破，但尚处于研究的初级阶段，今后仍然需要进一步研究完善和改进，主要包括以下几个方面：

（1）在脱荚性能仿真与优化的研究方面需要进一步完善。本文根据前期固定式鲜食大豆脱荚机、单垄鲜食大豆收获机及工程经验积累，分析了物料颗粒单元与梳刷脱荚机构交互作用方式，并没有建立整株鲜食大豆植株与脱荚机构交互作用方式。而事实上，鲜食大豆植株各部分机械力学特性差异较大，每株都有多个茎秆单元及其相连接的荚果颗粒单元，其茎秆属木质结构单元、豆荚属非线性单元、籽粒不同受力阶段表现为弹性变形、非弹性变形、塑性变形，脱荚作业时，株系中的荚果颗粒单元并非独立单元，由于螺旋梳刷作用时荚果之间产生交互作用等一系列问题，因此如何建立精度满足要求的数学模型，准确描述梳刷脱荚机构-鲜食大豆植株刚柔耦合动态行为是将来进一步研究的一个重点方向。

（2）脱荚质量与梳刷机构-鲜食大豆植株的交互作用密切相关，收获机在田间行驶，受植株形状、豆荚颗粒单元生长密度与分布、梳刷力的作用方式等影响，脱荚质量波动范围较大。要设计出性能稳定的脱荚装置，必须明晰梳刷作用时豆荚颗粒单元之间的交互作用，颗粒单元交互作用的短历时碰撞、局部变形，果柄分离的离散的连续作业机理。如何建立脱荚影响因素与脱荚质量之间的模糊数学关系，即梳刷脱荚机构-鲜食大豆植株交互作用对脱荚质量的影响机理，是将来进一步研究的一个重点方向。

（3）受鲜食大豆收获季节及收获机研制成功的时间节点影响，本文仍然需进一步进行田间可靠性、稳定性，多品种收获田间试验方面的研究积累。

参　考　文　献

[1] 张秋英，杨文月，李艳华，等 . 中国菜用大豆研究现状、生产中的问题及展望 [J]. 大豆科学，2007 (6)：950 - 954.

[2] 施俊生 . 豆类蔬菜种业管理措施探讨 [J]. 浙江农业科学，2020，61 (5)：822 - 824.

[3] 查霆，钟宣伯，周启政，等 . 我国大豆产业发展现状及振兴策略 [J]. 大豆科学，2018，37 (3)：458 - 463.

[4] 涂冰洁 . 钾素营养对菜用大豆籽粒形成期内源激素的影响 [D]. 哈尔滨：东北农业大学，2017.

[5] 张玉梅，胡润芳，林国强 . 菜用大豆品质性状研究进展 [J]. 大豆科学，2013，32 (5)：698 - 702.

[6] 盖钧镒，王明军，陈长之 . 中国毛豆生产的历史渊源与发展 [J]. 大豆科学，2002 (1)：7 - 13.

[7] 陈少艺 . 中央一号文件与"三农"政策 [D]. 上海：复旦大学，2014.

[8] 中华人民共和国农业部农垦局 . 中国农垦科技四十年 [M]. 北京：农业出版社，1989.

[9] 国务院 . 国务院关于加快推进农业机械化和农机装备产业转型升级的指导意见 [Z]. 国发 [2018] 42 号 . 2018 - 12 - 29.

[10] 中共中央，国务院 . 关于做好 2022 年全面推进乡村振兴重点工作的意见 [Z]. 2022 - 02 - 22.

[11] 李之国，张彩英，常文锁 . 不同来源菜用大豆的品质研究 [J]. 植物遗传资源学报，2006 (2)：183 - 187.

[12] 张秋英，李彦生，王国栋，等 . 菜用大豆品质及其影响因素研究进展 [J]. 大豆科学，2010，29 (6)：1065 - 1070.

[13] 秦广明，王明友，肖宏儒，等 . 我国菜用大豆生产机械化技术研究 [J]. 农业装备技术，2011，37 (6)：4 - 6.

[14] 朱杏元，吴贵茹 . 4DZL - 48 型鲜食大豆联合收获机经济和社会益分析 [J]. 农业装备技术，2016，42 (1)：53 - 54.

[15] 王显锋，张红梅，徐新华，等 . 自走式菜用大豆摘荚机的设计 [J]. 大豆科学，2015，34 (2)：310 - 313.

[16] 董芙荣，刘丽君，顾圣林，等 . 春播鲜食大豆不同播种方式下产量及效益试验 [J]. 农业工程技术，2017，37 (2)：24 - 25.

[17] 张杰 . 海门市鲜食大豆机械采荚作业试验试验示范及经济效益分析 [J]. 农业机械，2015 (8)：94 - 95.

[18] 童一宁，楼婷婷，姚爱萍，等 . 浙江省鲜食大豆全程机械化研究及发展建议 [J]. 农业工程，2018，7 (8)：17 - 20.

[19] 金月，秦广明，陈巧敏，等 . 鲜食大豆采摘机脱荚装置设计参数的试验研究 [J]. 南京农业大学学报，2015，38 (5)：869 - 876.

[20] 秦广明，肖宏儒，宋志禹 . 5TD60 型鲜食大豆脱荚机设计与试验 [J]. 中国农机化，2011，36 (5)：80 - 83.

[21] 王显锋 . 自走式菜用大豆摘荚机关键部件设计 [D]. 郑州：河南农业大学，2007.

[22] 李耀明，王章仁，徐立章，等 . 基于能量平衡的水稻谷粒脱粒损伤 [J]. 机械工程学报，2007，43

（3）：160-164.

［23］高连兴，赵学观，杨德旭，等.大豆脱粒机气力清选循环装置研制与性能试验［J］.农业工程学报，2012，28（24）：22-27.

［24］周旭，李兴平，高连兴，等.两种脱粒滚筒的玉米籽粒损伤试验研究［J］.沈阳农业大学学报，2005，36（6）：756-758.

［25］秦广明，宋志禹，肖宏儒.5TD60型鲜食大豆脱荚机性能试验研究［J］.农业装备技术，2011，37（5）：25-26.

［26］秦广明.一种毛豆采摘机［P］.中国，201621040460.8，2017-04-26.

［27］赵映，刘守荣，肖宏儒，等.基于立式辊机构的青毛豆脱荚装置力学分析与试验［J］.农业工程学报，2016，32（4）：17-23.

［28］刘彩玲，王亚丽，宋建农，等.基于三维激光扫描的水稻种子离散元建模及试验［J］.农业工程学报，2016，32（15）：294-300.

［29］于亚军，周海玲，付宏，等.基于颗粒聚合体的玉米果穗建模方法［J］.农业工程学报，2012，28（8）：167-174.

［30］Peterson D L. Mechanical harvester for process oranges. Applied Engineering in Agriculture, 1998, 14（5）：455-458.

［31］胡志超，王海鸥，彭宝良，等.半喂入花生摘果装置优化设计与试验［J］.农业机械学报，2012，43（增刊）：131-136.

［32］马征，李耀明，徐立章.农业工程领域颗粒运动研究综述［J］.农业机械学报，2013，44（2）：22-29.

［33］Coetzee CJ，Els D N J. Calibration of discrete element parameters and the modeling of silo discharge and bucket filling［J］. Computers and Electronics in agriculture, 2009, 65（5）：109-124.

［34］王福林，尚家杰，刘宏新，等.EDEM颗粒体仿真技术在排种机构研究上的应用［J］.东北农业大学学报，2013，44（2）：110-114.

［35］于建群，王刚，心男，等.型孔轮式排种器工作过程与性能仿真［J］.农业机械学报，2011，42（12）：83-87.

［36］Tanaka H，Inooku K，Momozu M，et al. Numerical analysis of soil loosening in subsurface till age by a vibrating type subsoiler by means of Distinct Element Method［C］//Proceedings of the 13thAsia-Pacific Conference of the International Society for Terrain-Vehicle Systems Munich：International Conference Center，Germany，1999：14-17.

［37］McCarthy J J，Khakhar D V，Ottino J M. Computational studies of granular mixing［J］. Powder Technology, 2000, 109（13）：72-82.

［38］Sakaguchi E，M. Suzuki. Numerical simulation of the shaking separation of paddy and brown rice using the Discrete Element Method［J］. Agric. Engng Res, 2001, 79（3）：307-315.

［39］Muguruma Y，Tanaka T，Tsuji Y. Numerical simulation of particulate flow with liquid bridge between particles（simulation of centrifugal tumbling granulator）［J］. Powder Technology, 2000, 109（13）：49-57.

［40］Yoshiyuki Shimizu，Peter A. Cundall. Three dimensional DEM simulation of bulk handling by screw conveyors［J］. Journal of Engineering Mechanics, 2001, 127（9）：864-872.

［41］赵匀.农机机械分析与综合［M］.北京：机械工业出版社，2008.

［42］谢庆生，罗延科，李屹.机械工程模糊优化方法［M］.北京：机械工业出版社，2002.

［43］赵雄，陈建能，吴加伟，等.变性椭圆齿轮——七杆式植苗机构运动学建模与分析［J］.中国机械

工程，2013，24（8）：1001-1007.

[44] 王跃宣，刘连臣. 处理带约束的多目标进化算法 [J]. 清华大学学报，2005，45（1）：103-106.

[45] 伍建军，黄裕林，谢周伟，等. 基于改进满意度函数的柔顺机构多响应稳健优化设计 [J]. 机械设计，2016，33（8）：38-42.

[46] 张国凤，胡群威. 基于满意度原理的旋转式分插机构多目标优化设计 [J]. 农业工程学报，2012，28（9）：22-28.

[47] 李心平，高连兴，马福丽，等. 玉米种子冲击损伤的试验研究 [J]. 沈阳农业大学学报，2007，38（1）：89-93.

[48] 张洪霞，马小愚，雷得天. 谷物及种子的力学——流变学特性的研究进展 [J]. 农机化研究，2004（3）：177-178.

[49] 李心平，马福丽，高连兴. 玉米种子的跌落式冲击试验 [J]. 农业工程学报，2009，25（1）：113-116.

[50] 马小愚，雷得天，赵淑红，等. 东北地区大豆与小麦籽粒的力学—流变学性质研究 [J]. 农业工程学报，1999，15（3）：70-75.

[51] 陈燕，蔡伟亮，邹湘军，等. 荔枝的力学特性测试及其有限元分析 [J]. 农业工程学报，2011，27（12）：358-363.

[52] 陈燕，蔡伟亮，邹湘军，等. 荔枝鲜果挤压力学特性 [J]. 农业工程学报，2011，27（8）：360-364.

[53] Zhu H X, Melrose J R. A mechanics model for the compression of plant and vegetative tissues [J]. J Theor Biol, 2003, 221 (1): 89-101.

[54] 刘庆庭，区颖刚，卿上乐，等. 农作物茎秆的力学特性研究进展 [J]. 农业机械学报，2007，38（7）：172-175.

[55] 徐立章，李耀明. 稻补与钉齿碰撞损伤的有限元分析 [J]. 农业工程学报，2011，27（10）：27-32.

[56] 袁月明，栾玉振. 玉米籽粒力学性质的试验研究 [J]. 吉林农业大学学报，1996，18（4）：75-78.

[57] 王博，王俊，杜冬冬. 基于 HyperMesh 和 LS-DYNA 的玉米籽粒碰撞损伤动态过程的有限元分析 [J]. 浙江大学学报：农业与生命科学版，2018，44（4）：465-475.

[58] 马洪顺，张忠君，曹龙奎. 薇菜类蕨菜生物力学性质试验研究 [J]. 农业工程学报，2004，20（5）：74-77.

[59] 吴亚丽，郭玉明. 果蔬生物力学性质的研究进展及应用 [J]. 农产品加工，2009，166（3）：34-49.

[60] 周祖锷. 农业物料学 [M]. 北京：农业出版社，1994：40-50.

[61] 张克平，黄建龙，杨敏，等. 冬小麦籽粒受挤压特性的有限元分析及试验验证 [J]. 农业工程学报，2010，26（6）：352-356.

[62] 谢丽娟，宗力. 莲子受力有限元分析 [J]. 农业机械学报，2006，37（6）：94-97.

[63] 王荣，焦群英，魏德强. 葡萄与番茄宏观力学特性参数的确定 [J]. 农业工程学报，2004，20（2）：54-27.

[64] 王芳，王春光，杨晓清. 西瓜的力学特性及其有限元分析 [J]. 农业工程学报，2008，24（11）：118-121.

[65] 史建新，赵海军，辛动军. 基于有限元分析的核桃脱壳技术研究 [J]. 农业工程学报，2005，21（3）：185-188.

[66] Rumsey T R, Fridley R B. Analysis of viscoelastic contact stresses in agricultural products using a finite-element method [J]. Transactions of the ASAE, 1977, 20 (1): 162-167.

[67] 沈成，李显旺，田昆鹏，等. 芒麻茎秆力学模型的试验分析 [J]. 农业工程学报，2015，31（20）：26-33.

［68］高连兴，焦维鹏，杨德旭，等．含水率对大豆静压机械特性的影响［J］.农业工程学报，2012，28（15）：40－44.

［69］张录达，李少坤，赵明，等．玉米植株几何形态特征的统计模型研究［J］.作物学报，1998，24（5）：635－638.

［70］于勇，林怡，毛明，等．玉米秸秆拉伸特性的试验研究［J］.农业工程学报，2012，6：70－75.

［71］陈争光，王德福，李利桥，等．玉米秸秆皮拉伸和剪切特性试验［J］.农业工程学报，2012，21：59－65.

［72］袁红梅，郭玉明，李红波．小麦茎秆弯折力学性能的试验研究［J］.山西农业大学学报，2005（2）：173－176.

［73］高梦祥，郭康权，杨中平．玉米秸秆的力学特性测试研究［J］.农业机械学报，2003，34（4）：47－49.

［74］杨然兵，徐玉凤，梁洁，等．花生机械收获中根、茎、果节点的力学试验与分析（英）［J］.农业工程学报，2009，25（9）：127－132.

［75］Lee S，Shupe T F，Hse C Y. Mechanical and physical properties of agro－based fiberboard［J］. European and Life Sciences，2006，64：74－79.

［76］Kronbergs E. Mechanical strength testing of stalk materials and compacting energy evaluation［J］. Industrial Crop sand Products，2000，11（2）：2ll－216.

［77］张涛，张锋伟，孙伟，等．大豆籽粒的化学-力学特性灰色关联度及本构模拟［J］.农业工程学报，2017，33（5）：264－271.

［78］Boas L do A V，Barbosa J A. Determination of properties physicist－mechanical of cultivate of maize having aimed at the sizing of cut mechanisms［C］//Proceedings of the International Conference of Agricultural Engineering，ⅩⅩⅩⅦ Brazilian Congress of Agricultural Engineering，International Livestock Environment Symposium－ILES Ⅷ，2008.

［79］李宝筏．农业机械学［M］.北京：中国农业出版社，2006.

［80］宋建农．农业机械与装备［M］.北京：中国农业出版社，2006.

［81］卢里耶，格罗姆博切夫斯基．农业机械的设计和计算［M］.北京：中国农业机械出版社，1983.

［82］卡那沃依斯基．收获机械［M］.北京：中国农业机械出版社，1983.

［83］卢里耶，格罗姆切夫斯基．农业机械的设计和计算［M］.袁佳平，译．北京：中国农业机械出版社，1983.

［84］滕宇娇．差速柔性带式大豆单株脱粒机的研究［D］.哈尔滨：东北农业大学，2018.

［85］于昭洋，胡志超，王海鸥，等．大蒜果秧分离试验装置的设计与测试［J］.农业工程学报，2013，29（16）：7－15.

［86］Ralph Hughes. John Deere Peanut Combines［J］. Machinery Feature，1997（2）：1－6.

［87］Padmanathan P K，Kathirvel K，Duraisamy，V M，et al. Influence of crop，machine and operational parameters on picking and conveying effciency of an experimental groundnut combine［J］. Journal of Applied Sciences Research，2007（8）：700－705.

［88］Butts C L，Sorensen R B，Nuti R C，et al. Performance of equipment for in－field peanut shelling［C］. ASABE Annual International Meeting，2009（7）：1－18.

［89］高连兴，郑世妍，陈瑞祥，等．喂入辊轴流滚筒组合式大豆种子脱粒机设计与试验［J］.农业机械学报，2015，46（1）：112－118.

［90］杨方飞，阎楚良，杨炳南，等．联合收获机纵向轴流脱粒谷物运动仿真与试验［J］.农业机械学报，2010，41（12）：67－71.

[91] 佟金，贺俊林，陈志，等. 玉米摘穗辊试验台的设计和试验 [J]. 农业机械学报，2007，38（11）：48-51.

[92] 张道林，孙永进，赵洪光，等. 立辊式玉米摘穗与茎秆切碎装置的设计 [J]. 农业机械学报，2005，36（7）：50-52.

[93] Dennis E Bollig. Corn head with tension control for deck plates：US，US20080092507A1 [P]. 2006.

[94] Li S P，Meng Y M，Ma F L，et al. Research on the working mechanism and virtual design for a brush shape cleaning element of a sugarcane harvester [J]. Journal of Materials Processing Technology，2002（2）：418-422.

[95] Zhao Y，Liu S，Xiao H，et al. Finite element analysis and experimental validation of the compression characteristics to green soybean [J]. International Agricultural Engineering Journal，2018，27（3）：290-300.

[96] 胡国明. 颗粒系统的离散元素法分析仿真 [M]. 武汉：武汉理工大学出版社，2010.

[97] 王国强，郝万军，王继新. 离散单元法及其在 EDEM 上的实践 [M]. 西安：西北工业大学出版社，2010.

[98] 袁晓明，王超，阎鹏，等. 离散元法在工农业上的应用研究综述 [J]. 机械设计，2016，33（9）：1-9.

[99] 于建群，付宏，李红，等. 离散元法及其在农业机械工作部件研究与设计中的应用 [J]. 农业工程学报，2005（5）：1-6.

[100] 赵仕威. 颗粒材料物理力学特性的离散元研究 [D]. 广州：华南理工大学，2018.

[101] Sima J，Jiang M，Zhou C. Numerical simulation of desiccation cracking in a thin clay layer using 3D discrete element modeling [J]. Computers and Geotechnics，2014，56：168-180.

[102] 孙其诚，王光谦. 颗粒流动力学及其离散模型评述 [J]. 力学进展，2008（1）：87-100.

[103] Cundall P A，Strack O D L. A discrete numerical model for granular assemblies [J]. Geotechique，2015，29（1）：47-65.

[104] El Shamy U，Abdelhamid Y. Modeling granular soils liquefaction using coupled lattice boltzmann method and discrete element method [J]. Soil Dynamics and Earthquake Engineering，2014，67：119-132.

[105] VanWyk G，Els D N J，Akdogan G，et al. Discrete element simulation of tribological interactions in rock cutting [J]. International Journal of Rock Mechanics and Mining Sciences，2014，65：8-19.

[106] 李志勇. 基于椭球颗粒模型的离散元法基本理论及算法研究 [D]. 长春：吉林大学，2009.

[107] 张金成. 基于 supershape 曲面颗粒的离散元接触算法研究 [D]. 广州：华南理工大学，2014.

[108] 付宏，董劲男，于建群. 基于 CAD 模型的离散元法边界建模方法 [J]. 吉林大学学报（工学版），2005，35（6）：626-631.

[109] 滕安翔. 基于 AutoCAD 软件的三维离散元法边界建模方法研究 [D]. 长春：吉林大学，2006.

[110] 于亚军，于建群，陈仲，等. 三维离散元法边界建模软件设计 [J]. 农业机械学报，2011，42（8）：98-103.

[111] 寇幸幸. 基于 Pro/ENGINEER 软件的三维离散元法边界建模研究 [D]. 长春：吉林大学，2007.

[112] 么鑫. 基于边界二维 CAD 模型的三维离散元法边界建模方法 [D]. 长春：吉林大学，2007.

[113] 刘睿. 基于 AutoCAD 2007 软件的三维离散元边界建模方法研究 [D]. 长春：吉林大学，2009.

[114] 姜鹏. 基于离散元法的碾米机三维仿真分析 [D]. 黑龙江：东北农业大学，2013.

[115] 付宏，吕游，徐静，等. 非规则曲面的离散元法分析模型建模软件 [J]. 吉林大学学报：信息科学版，2012，30（1）：23-29.

[116] 许志宝. 基于离散元法的大豆碰撞过程仿真分析 [D]. 长春：吉林大学，2006.

[117] 杜岳峰. 丘陵山地自走式玉米收获机设计方法与试验研究 [D]. 北京：中国农业大学，2014.

[118] 殷江旋. 玉米收获机械化影响因素分析 [D]. 晋中：山西农业大学，2013.

[119] 王凯湛，马瑞峻. 虚拟现实技术及其在农业机械设计上的应用 [J]. 系统仿真学报，2008，18（2）增刊：500-503.

[120] Carlin Jerry F. Electro-hydraulic control of combine header height and reel speed [J]. SAE Special Publications，1984：37-41.

[121] 陈海涛，顿国强. 基于虚拟样机动力学仿真的大豆扶禾器参数优化 [J]. 农业工程学报，2012，28（18）：23-29.

[122] 仇高贺. 小型甘蔗收割机底盘的虚拟设计及仿真研究 [D]. 南宁：广西大学，2006.

[123] 贝克（M·G·Bekker），地面-车辆系统导论 [M]. 北京：机械工业出版社，1978.

[124] 吉理想. 橡胶履带式喷雾机行走装置的设计及性能研究 [D]. 南京：南京林业大学，2013.

[125] 刘天浪. 作业绞车液压传动系统设计与分析 [D]. 大庆：大庆石油学院，2007.

[126] 张娜娜. 小型多功能底盘框架的有限元分析和轻量化设计 [D]. 杭州：浙江理工大学，2011.

[127] 贺俊林. 低损伤玉米摘穗部件表面仿生技术和不分行喂入机构仿真 [D]. 长春：吉林大学，2007.

[128] 周海玲. 玉米果穗物理力学性质研究及脱粒过程仿真分析 [D]. 长春：吉林大学，2013.

[129] 崔涛. 三辊组合式玉米摘穗与茎秆切碎一体化机构设计研究 [D]. 北京：中国农业大学，2013.

[130] 赵武云. 组合式螺旋板齿种子玉米脱粒装置研究 [D]. 杨凌：西北农林科技大学，2012.

[131] Wacker P. Maize grain damage during harvest [J]. Landtechnik，2005，60（2）：84-85.

[132] 中国农业机械化科学研究院. 农业收获机械设计手册 [M]. 北京：中国农业科学技术出版社，2007.

[133] 王冰. 四行半喂入花生联合收获摘果机理与筛选特性研究 [D]. 北京：中国农业科学院，2018.

[134] 王意. 车辆与行走机械的静液压驱动 [M]. 北京. 化学工业出版社，2014.

[135] 张利平. 液压传动系统设计与使用 [M]. 北京. 化学工业出版社，2010.

[136] 王宝山，王万章，王森森，等. 全液压驱动高地隙履带作业车设计与试验 [J]. 农业机械学报，2013，47（10）增刊：471-476.

[137] 王中玉，肖宏儒，丁为民，等. 履带自走式高地隙茶园管理机液压系统设计 [J]. 中国农机化，2010，231（5）：72-75.

[138] 田晋跃，于英. 车辆静液压传动特性研究 [J]. 农业机械学报，2002，33（4）：32-34.

[139] 章宏甲. 液压传动 [M]. 北京. 机械工业出版社，1997.

[140] 尚书旗，杨然兵，殷元元，等. 国际田间试验机械的发展现状及展望 [J]. 农业工程学报，2010，26（Supp.1）：5-8.

[141] 郭佩玉，尚书旗，汪裕安，等. 普及和提高田间试验机械化水平 [J]. 农业工程学报，2004，20（5）：53-55.

图书在版编目（CIP）数据

鲜食大豆收获关键技术与装备设计 / 赵映主编 . --
北京：中国农业出版社，2022.10
ISBN 978 - 7 - 109 - 30026 - 2

Ⅰ.①鲜… Ⅱ.①赵… Ⅲ.①大豆—收获机具—设计
Ⅳ.①S225.6

中国版本图书馆 CIP 数据核字（2022）第 168427 号

鲜食大豆收获关键技术与装备设计

XIANSHI DADOU SHOUHUO GUANJIAN JISHU YU ZHUANGBEI SHEJI

中国农业出版社出版
地址：北京市朝阳区麦子店街 18 号楼
邮编：100125
责任编辑：郭 科 文字编辑：刘金华
责任校对：刘丽香
印刷：中农印务有限公司
版次：2022 年 10 月第 1 版
印次：2022 年 10 月北京第 1 次印刷
发行：新华书店北京发行所
开本：787mm×1092mm 1/16
印张：9.75
字数：220 千字
定价：60.00 元